撤退の農村計画
Land use reorganization

過疎地域からはじまる戦略的再編

【編著】

林 直樹　齋藤 晋

【著】

永松 敦
東 淳樹
西村 俊昭
山崎 亮
前川 英城
江原 朗
村上 徹也
大西 郁
一ノ瀬 友博
福澤 加里部
大平 裕
江成 広斗
前田 滋哉

学芸出版社

はじめに

1　本書の特徴

　本書は過疎地における「むらづくり」のたたき台のひとつである。本書のタイトル、「撤退の農村計画」はずいぶんと過激なものである。それにもかかわらず本書を手に取ったかたは、今の過疎地、過疎地対策に漠然とした閉そく感をお持ちのかたではないだろうか。

　確かに都市に住んでいる人の目は農山村にむかっている。むろん、これは望ましいことである。若い世帯の農村移住、定年帰農、二地域居住などによって人口を維持することこそ正攻法である。希望にあふれた事例もある。とはいえ明らかに何かが足りない。それらだけですべてを守りきることはむずかしい。人口を維持することができない集落はどうすればよいのか。答えはなかなか見つからない。結局、次世代に荒れた山野と膨大な借金（国債など）を残すことになるのではないか。

　本書は、そのような閉そく感を打ち破るものである。どちらかといえば、「若い世帯の農村移住などで人口を維持することができない集落」が主人公である。国土利用再編の戦略にも言及する。本書では、「集落移転」など、これまでの感覚であれば「ありえない」とされるものも選択肢のひとつとして登場する。「強制移住ではないか」「住んでいる人の気持ちを踏みにじっている」「机上の空論である」「過疎地の切り捨て」「経済至上主義」といった批判が考えられる。しかし本書を順に読み進めていただければ、それらは必ず解消すると確信している。ほかにも、「荒れた人工林を自然林に」「放棄された水田を放牧地に」など、これまでの感覚であれば、「ちょっと待った」とされるものが登場する。本書をたたき台として、集落のみなさんで大いに議論を進めてほしい。

　本書における「撤退（積極的な撤退）」は、長い時間軸でみれば、力を温存するための一時的な後退である。むしろ、「攻め」の一環といってもよい。本書を読み終えたときには、過疎地の希望のある未来が想像できるはずである。

2　本書の構成

　第1章では過疎地の現状について説明する。現状については十分に知っているというかたは、第2章から読みはじめてもほとんど問題はない。第2章では過疎地の問題が一見無関係にみえる多くの国民にも深刻な被害をもたらすことを示す。田畑の消滅、文化の消滅、二次的自然の消滅である。2・4では財政の悪化についても言及する。第3章では従来型の対策では、すべてを守りきることがむずかしいことを説明する。若い世帯の農村移住、定年帰農、二地域居住を取り上げる。なお、この章の目的は従来型の対策そのものを否定することではない。

　第4章からは「積極的な撤退」という新しい戦略の説明である。あえて一口でいえば、「進むべきは進む。一方、引くべきは少し引いて確実に守る」という戦略である。確固たる将来像もなく、なりゆきまかせで、ずるずると撤退することではない。4・1では基本的な方針を示す。ここは絶対に読み飛ばさないでほしい。「積極的な撤退」で、もっとも意見がわかれるところは「集落移転」であろう。4・2から4・4では、過去の事例から集落移転の是非を検討する。なお、「積極的な撤退」を批判的な視点も含めて、学問の面からみたものが「撤退の農村計画」である。

　第5章と第6章では、「積極的な撤退」をイメージするためのラフスケッチを提供する。第5章は集落移転、山あいの文化を守るための拠点集落の話、第6章は田畑や山林、道路網の話である。目に見えにくい問題、すなわち土地の所有権の問題も取り上げる。なお、田畑や山林は気候などの影響を強く受ける。本書の提案にこだわらず、状況に応じて適宜改良してほしい（特に北海道など）。

　第7章は「積極的な撤退」への道のり、さらなる拡張の話である。7・1では「集落診断士」という新たな職能の確立を提案する。7・2では「流域」という視点を取り上げる。7・3では時間軸を延長する（100年先へ）。「積極的な撤退」が希望ある未来にむけてのプロセスのひとつであることを説明する。誇りの再建といったメンタルな問題にも言及する。

3　高齢者と次世代を担う子どもたちのために

　わたしは仕事柄、多くの「ごくふつう」の過疎地を訪問した。病気がちにな

った高齢者から、ぽつりぽつりと集落を離れる。これは、とてもさびしいことである。「(病気がちになって)施設や都市部の子どもの家に行ったら、人生おしまい」という過疎地の高齢者の言葉もわすれられない。緑豊かな山あいから土のないコンクリートの都市へ。まわりに友人はいない。これがどれだけ高齢者の心を痛めるか。わたしは限られた税収（財政）のなかで、過疎地のひとりひとりの「笑顔」を守りたい。

　わたしは以前、小学生に理科を教えていた。今でも研究中にふと子どもたちの「笑顔」を思い出す。次世代を担う子どもたちには、借金（国債など）ではなく、豊かな自然とその恵みを利用する技術を残したい。石油や食料の大量輸入がむずかしくなった場合のそなえとして。

2010年7月吉日
林　直樹

撤退の農村計画　＊　目　次

はじめに …………………………………………………… 林　直樹　3

第1章　過疎集落の現状 ———————————— 林　直樹　9

1・1　過疎集落の家・田畑・山林 ……………………………………… 10
1・2　過疎集落の生活交通 ……………………………………………… 15
1・3　過疎集落に残っている高齢者の生活 …………………………… 22

第2章　予想される国の将来 ———————————————29

2・1　田畑の消滅 …………………………………………… 齋藤　晋　30
2・2　地域固有の文化の消滅—山村における生業を中心に … 永松　敦　36
2・3　地域固有の二次的自然の消滅 ……………………… 東　淳樹　45
2・4　誰も望まない「消極的な撤退」 …………………… 林　直樹　52

第3章　すべてを守りきることができるか ——————59

3・1　若い世帯の農村移住は簡単ではない ……………… 西村俊昭　60
3・2　定年帰農とその限界 ………………………………… 林　直樹　66
3・3　二地域居住の限界 …………………………………… 林　直樹　71

第4章　積極的な撤退と集落移転 ─── 77

4・1　積極的な撤退の基礎 ……………………………………………林　直樹　78
4・2　仮設住宅の入居方法に学ぶ集落移転 ……………………………山崎　亮　83
4・3　歴史に学ぶ集落移転の評価と課題 ………………………………前川英城　89
4・4　平成の集落移転から学ぶ …………………………………………齋藤　晋　96

第5章　積極的な撤退のラフスケッチ─生活編 ─── 103

5・1　高齢者が安心して楽しく生活できる ……………………………林　直樹　104
5・2　救急医療から考える移転先 ………………………………………江原　朗　109
5・3　いつどこへ引っ越すのか …………………………………………林　直樹　114
5・4　あえて引っ越ししない「種火集落」で山あいの文化を守る
　　　　　　　　　　　　　　　　……………………………林　直樹・前川英城　120

第6章　積極的な撤退のラフスケッチ─土地編 ─── 127

6・1　土地などの所有権・利用権を整理 ………………………………村上徹也　128

6・2	田畑管理の粗放化 …………………………………………大西　郁	134
6・3	選択と集中で中山間地域の二次的自然を保全する ………一ノ瀬友博	141
6・4	森林の管理を変える ………………………………福澤加里部・大平　裕	147
6・5	森林の野生動物の管理を変える …………………………江成広斗	154
6・6	道路などの撤収・管理の簡素化とその効果 ……………林　直樹	161

第7章　積極的な撤退と地域の持続性 ——————167

7・1	何を頼りによしあしを判断するのか ……………林　直樹・山崎　亮	168
7・2	流域とは何か ………………………………………………前田滋哉	173
7・3	撤退は敗北ではない………………………………………林　直樹	180

注	……………………………………………………………………	185
索引	…………………………………………………………………	194
おわりに	………………………………………………………齋藤　晋	196

第 **1** 章

過疎集落の現状

廃村に残された廃屋。今、全国の過疎集落で
このような風景が広がっている（撮影：林直樹）

1・1
過疎集落の家・田畑・山林

1　過疎集落とは

　本書では、人口が極端に少ない山間の集落のことを「過疎集落」と呼ぶ。「集落」という言葉は、都市部ではあまり使わないが、本書では非常に大切な言葉なので少し説明したい。あえて一口でいえば、「村」という言葉が一番近いであろう。ただし、ふつうの地図に出ている「○×村」の「村」ではない。図1をみてほしい。このような場所がひとつの集落である。家がちらばっていることもある。狭い意味の集落といえば、家々がある場所をさす。そして広い意味になると、家の周辺の田畑や、住民が管理している山林なども集落に含まれる。本書では「集落」という言葉を原則として広い意味で使うが、「集落移転」に関わる話の場合は、狭い意味で使う。

　集落の住民は、お互いに強い絆で結ばれていて、ひとつの共同体（いわゆる町内会に近い）を形成している。

2　過疎集落の今

　長年の人口の流出により、過疎集落でみかける住民の多くが高齢者となった。

図1　過疎集落の遠景（撮影：齋藤晋）

図3　無人化集落の廃屋（撮影：齋藤晋）

最近では、「限界集落（65歳以上人口が集落の半数を超えている集落）」[*1]という言葉もよく耳にする。そして残っていた高齢者も、ぱらぱらと集落を離れている。「国土形成計画策定のための集落の状況に関する現況把握調査」[*2]によると、10年以内に消滅する可能性のある集落は423（集落）であり、「いずれ消滅」を含めると2,643にのぼる（図2）。過疎集落の問題は「日本の原風景の消滅」といったように感情的に捉えられることも多いが、現実の問題は非常に深刻である。

3　廃屋の無残な姿

　ここでは過疎集落の「風景」を糸口として、その問題の一部を説明する。過疎集落では廃屋が無残な姿をさらしている。壊れた屋根や壁、隙間からみえる朽ち果てた家財道具、昔のカレンダーなどが目にとまる。そしてカビのにおいも。そこに人々が住んでいたことを想像すると、廃屋の無残な姿は心に突き刺さる。廃屋は見た目にわるいだけでなく、電線のショートによる火災、放火の心配もある。雪が多いところでは、雪の重みで、あっという間に倒壊してしまう（図3）。

4　ゴミ投棄問題

　集落を出て行った人が残したものか、外部から持ち込まれたのかはわからないが、投棄された粗大ゴミも気になる。錆びた軽自動車やトラクター、資材な

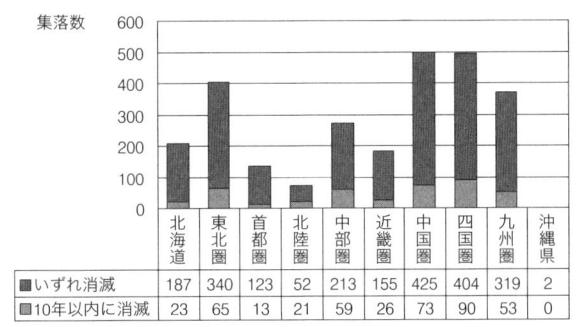

図2　消滅する可能性のある集落
（出典：国土交通省・総務省「国土形成計画策定のための集落の状況に関する現況把握調査（図表編）平成18年8月」2007）

ど。放置された浴槽、それにたまった緑色の水を見れば、誰もが暗い気持ちになるであろう。人の目が届きにくい場所、縄張り意識が感じられない場所はゴミ投棄の格好の標的になると考えられる*3。そして過疎集落には、そのような場所が非常に多い。特効薬は一帯を進入禁止にすることであろうが、付近に人が住んでいる限り、それはむずかしい。

5　耕作放棄地

　周辺に目を移すと、使われなくなった田畑、「耕作放棄地」が多いことに気がつく。耕作放棄地は猛烈な勢いで広がっている（図4）。耕作放棄地では雑草が生え放題であり、そこが田畑であることが想像できないところも少なくない。ここで大切なことは、単に「耕作したくないから、耕作放棄地に」ではなく、多くは「耕作したくても、労働力不足で、それができないから耕作放棄地に」ということである。耕作放棄地は田畑を大事にしてきた農家の心も痛めている。

　山間では階段状の水田、「棚田」を見かける。全国には 54,388 か所の棚田があり*5、輪島市の千枚田など、観光名所になっているところもあるが、多くは耕作放棄地（図5）、あるいは、その寸前となっている。そして棚田が耕作放棄地になると、斜面のひび割れなどが修復されることなく、次第に大きくなり、土砂災害が発生することがある。むろん、水田の生き物も行き場を失う。

　近年、ボランティアによる農作業が見られるようになったが*6、ボランティアの力を頼りに耕作放棄地の発生をおさえようとすると、非現実的な（膨大な）

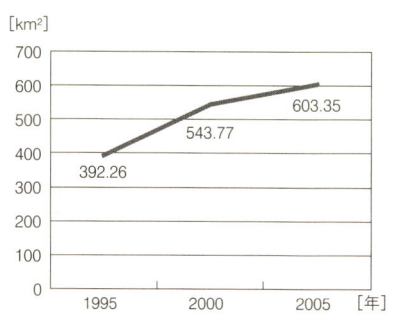

図4　山間農業地域*4における耕作放棄地面積
（出典：農林水産省『平成20年版 食料・農業・農村白書 参考統計表』時事画報社、2008）

図5　耕作放棄地となった棚田
（撮影：齋藤晋）

人数が必要になる。不足する全国の農業従事者の5%をボランティアの力で補うだけでも、楽観的にみて、65万人（のボランティア）が必要になる[*7]。企業の農業への参入もみられるようになったが[*8]、現時点では、まだごくわずかである。耕作放棄地は、これからも増え続けるであろう。

6 獣害の脅威

過疎集落の田畑では、農地を囲むトタン、電気を流すことができる柵（図6）をよく目にする。これは獣（イノシシ、シカ、サルなど）が農作物を食い荒らすこと、すなわち、「獣害」を防ぐためのものである。獣害の被害金額は決して少額ではない（図7）。獣害の原因としては、たとえば、「獣の数そのものが増えた」「獣が農産物の味を覚えた」「猟師が減った」「集落内に耕作放棄地が増え侵入しやすくなった」があげられる[*9]。前述の耕作放棄地は、獣害の一因である。その一方で、「獣害で、営農意欲が下がり、耕作放棄地が増える」という面もある[*10]。そのため、「耕作放棄地が増える→獣害が悪化する→耕作放棄地が増える→獣害が悪化する」という悪循環に陥ることもある。また、被害は農作物に限ったことではない。時には、クマに人が襲われることもある。

7 荒れた人工林

次は山林をみてみよう。「山林＝自然のまま」を考えてしまいがちであるが、実は植林などで人為的に作った森林、すなわち、「人工林」も少なくない。図

図6　電気を流すことができる柵（撮影：齋藤晋）

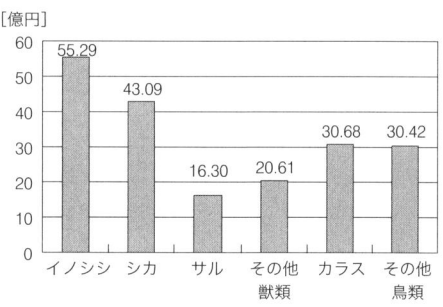

図7　野生鳥獣による農作物被害状況（2006年度）
（出典：農林水産省『平成20年版 食料・農業・農村白書 参考統計表』時事画報社、2008）

8と表1をみてほしい。樹林地の4割は人工林で、人工林のなかでは、スギ・ヒノキが圧倒的である。

では、スギ・ヒノキの人工林をみてみよう。遠目には緑が美しく整然としているが、近くでみると「間伐（木の一部をきること）」が不十分で、林の中は薄暗く、草も少なく、幹は細々としていることが多い（図9）。

いささか逆説的であるが、人工林の「健康」は、適度に木をきることで保たれる（**6・4**で説明）。ところが木材が安くなりすぎたこともあって、多くの人工林が放置されている。最近、企業による森林の管理が期待されているが、過疎集落ではあまり見られない[*11]。そして、このような管理されていない人工林は、土砂が流出しやすいといわれている[*12]。

また森といえば、多くの動物というイメージもあるが、出会うといえばシカぐらいである。夜中に一度、山間の道を自動車で走ってみてほしい。かなりの確率でシカに出会うであろう。なお、シカは「かわいい」ではなく、「樹木をきずつける」ことで有名である。

人工林に限ったことではないが、最近では放置された竹林が無秩序に拡大し、

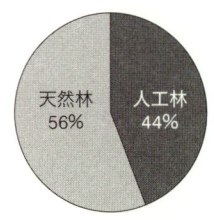

図8　わが国の林種別森林面積
(出典：林野庁「森林資源現況調査」(2002年度実施))

図9　間伐が不十分な人工林（撮影：齋藤晋）

表1　わが国の人工林の樹種別面積

樹　種		面積 [km²]
針葉樹	すぎ	45,160
	ひのき	25,688
	まつ類	9,062
	からまつ	10,481
	えぞまつ・とどまつ	8,967
	その他	1,316
広葉樹	くぬぎ	640
	なら類	78
	その他	1,813

出典：林野庁「森林資源現況調査」(2002年度実施)

大きな問題になっている。一部では山全体が竹林に占領されつつある。そのような竹林では土砂崩れの危険性が高まるといわれている。

8　所有者不明の土地

　都市の感覚では信じられないことであるが、過疎集落には所有者がわからない土地が存在する。特に山林が問題である。土砂災害を機会に境界線がわからなくなることもある。このままだと土地を貸すことも、売却することもできない。現実の問題として、所有者の把握がむずかしいことは、前述の「間伐」の障害にもなっている。

（林　直樹）

1・2 過疎集落の生活交通

1　過疎集落における生活交通の現状

(1) 本当に困っている高齢者は意外に少数派

　1・1では過疎集落の「風景」を糸口として、その問題の一部を説明した。ここでは過疎集落の外に目を向ける。つまり過疎集落と平場の基幹集落、過疎集落と都市部を結ぶ生活交通（生活を営むうえで必要となる交通環境）に注目する。

　過疎集落を含む農村部のバスなどの公共交通は非常に頼りない。しかし今や農村部の生活交通の主役は、バスではなくマイカーである。通勤の必要のない高齢者について考えてみる。図10をみてほしい。マイカーを運転できる人（マイカーを持っていて、技術的にも体力的にも運転ができる人）にとって、生活交通は大きな問題ではない。マイカーを運転できない人でも、同居中の家族などに運転できる人がいる場合は、大きな問題にはならない（マイカーを運転できる人に負担がかかることは問題）。同居中の家族などに運転できる人がいない場合は、それなりに不便である。とはいえ元気で通院などの頻度も少なけれ

ば、それでも生活は成り立つ。しかし病気で通院などの頻度が多いと、生活はおぼつかない（本当に困っている人）。現時点で、「本当に困っている人」は意外に少ない。もっとも本当に困っている人のうち、寄る辺（都市部の子どもの家など）のある人は、すでに移住したといったほうが適当かもしれないが。

　過疎集落の場合、本当に困っている人の割合は、一般の農村部よりも高いであろう。とはいえ現時点では少数派であることが多い。これが過疎集落における生活交通の現状である。ただし少数派であるから対策は不要という意味ではない。

（2）都市部とは感覚が違う

　都市部の感覚で農村部のバス停の時刻表をみれば、上下それぞれ1日数便という不便さに驚くはずである。誰もが「元気でも、マイカーが利用できなければ生活できない」と思うであろう。しかし農村部の場合、通勤の必要がなければ、それでも意外に生活が成り立つことが多い。図11をみてほしい。これは岩手県の沿岸に位置するA村（全域が過疎集落ということではないが）で2008年に実施した公共交通に関するアンケートの結果である[*13]。

　A村は人口が約4,000人、高齢化率は30%、平地はわずか16%足らずで、全域が過疎集落ということではないが、ほとんどが山林で占められた臨海型の山村である。1992年に民間バス事業者が撤退したのち、村が直接バスを運行しているが、限られた財政規模の中、調査時では1日1〜2往復程度の便数となっている集落が多い。

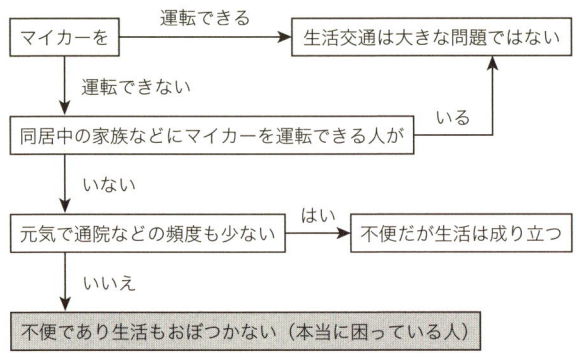

図10　生活交通で本当に困っている高齢者は意外に少ない

アンケートの結果、通勤や通学を除けば、外出頻度は買い物で週に1〜2回程度で、買い物をしなくていい場合には、月に1〜2回程度（通院）で済むことがわかった。高齢になると外出そのものが身体的に大変になってくることや、田畑や山菜・キノコ採りなどの作業で比較的忙しいこともある。

　不便にみえるが、意外に生活が成り立つことが多い。これが「公共サービス」としての生活交通の議論をむずかしくしているという側面もある。「どのぐらいの便数があれば満足なのか」についても、なかなか答えが出ない。「NPO法人いわて地域づくり支援センター」の若菜氏によると、地元住民と直接じっくりと話し合って、具体的な希望を抽出することが大切であるという。たとえば、「月に1回は町に住む孫の顔がみたい」などである。

(3) 生活交通の主役はマイカー

　「今や農村部の生活交通の主役は、バスではなくマイカーである」と述べたが、実際のところはどうなのか。具体的なデータをみてみよう。再度、さきほどの調査の結果に登場してもらう。図12は、自動車運転免許の保有状況である。大半の人が運転免許を持っているといっても過言ではない。女性の高齢者の免許所有率は男性よりも低いが、今後は高まり、いずれは男性と大差のない状況になると予測される。そして免許を持っている人のほとんどは、日常的にはバスを利用しない（図13）。このデータからも、生活交通の主役がバスからマイカーに切り替わったことがわかる。

　さらに図14をみてほしい。これは「A村で生活を送るうえで、現在のあなた

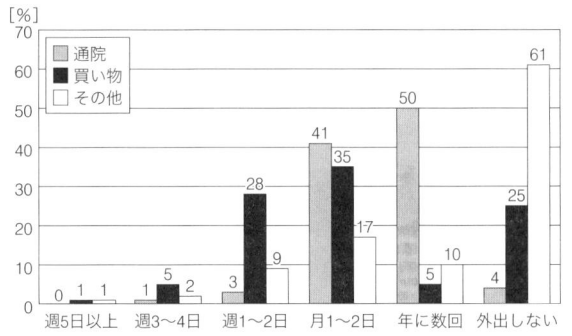

図11　目的別の外出頻度
（出典：A村「住民アンケート調査結果報告書」2008）

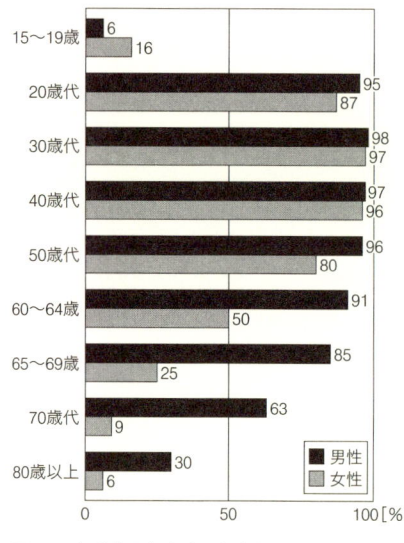

図12　自動車運転免許の保有状況
(出典：A村「住民アンケート調査結果報告書」2008)

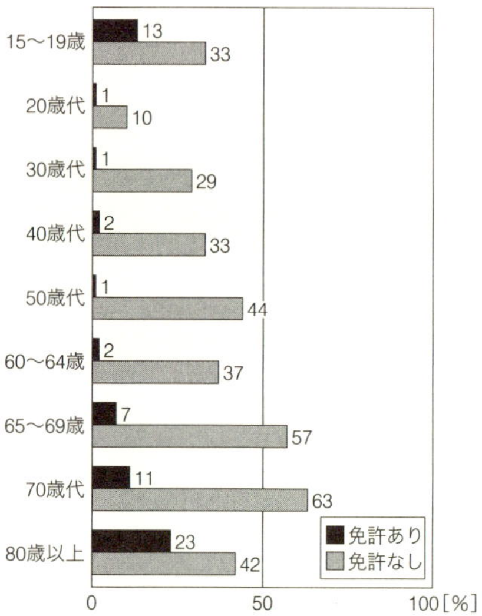

図13　日常的にバスを利用する割合
(出典：A村「住民アンケート調査結果報告書」2008)

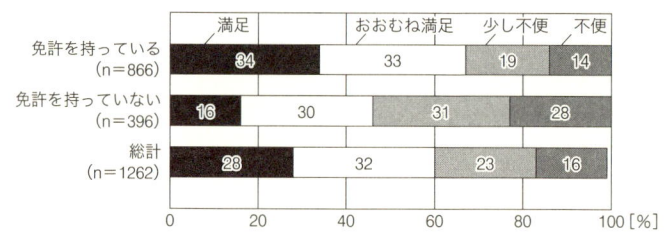

図14　免許の有無別の満足度
(出典：A村「住民アンケート調査結果報告書」2008)

の外出状況は満足していますか」に対する回答である。免許を持っている人のほうが外出状況に満足していることがわかる。

2　過疎集落における生活交通のこれから

(1) 本当に困っている高齢者が多数派に

　先ほど述べたように、過疎集落における生活交通について、本当に困っている高齢者は、現時点では少数派であることが多い。しかし、これからもそうである保障はどこにもない。たとえば過疎集落の住民の大半は高齢者である。マ

イカーを持っていても、そのうち技術的・体力的に運転ができなくなる日が来るであろう。そうなると同居中の家族（息子・娘など）のマイカーを頼りにすることが多い。しかし過疎集落の場合、高齢者の二人暮らし、あるいは一人暮らしが多い。加えて、助けとなりうる同じ集落や近隣の集落の住民も少なく、なおかつ高齢者が大半である。そうなると、「その人」は一気に、「本当に困っている高齢者」になる危険性がある。それまで、「その人」のマイカーで生活が支えられていた人（配偶者・隣人）も同様である。「本当に困っている高齢者」が、少数派ではなく、多数派となる危険性がある。しかも、そのなかには移住したくても寄る辺がなく、どうしようもないという人も少なくない。

（2）バスがあってもたどり着くことができない

　問題はそれだけではない。近年、各種施設（商店や病院など）の撤退や統廃合に伴って、そこまでの距離がどんどん広がっている。必然的にバスに乗る時間も長くなる。通院中の病弱な高齢者にとって、バスでの長時間の移動は体力的に苦しい。そうなると、バスがあっても（病院に）たどり着くことができないという事態が発生するかもしれない。

（3）本当の試練はこれから

　過疎集落の生活交通において本当の試練は、おそらくこれからであろう。**2・4**でも説明するが、財政は厳しくなる一方であり、回復もむずかしい。そのような状況で、公共交通の再構築を断行せざるをえない（過疎集落周辺に限ったことではないが）。さらに、「バスがあってもたどり着くことができない」については、手の打ちようがない。これは生活交通で何とかなる問題ではない。

3　「特効薬」はないが明るい兆しも

　過疎集落を抱える自治体の財政は非常に厳しい。昔と同じように路線バスを走らせることはすでにむずかしい。「特効薬」はないといってもよいであろう。一方で楽観視はできないが、状況を改善しようとする「明るい兆し」もある。ここでは、新しい公共交通の3つの方向性とユニークな事例を紹介する。なお、若菜氏によると、新しい公共交通の構築においては、市町村と住民の連携が非常に重要であるという。

(1) 方向性1：スクールバスなどに一般住民も

　第一は、スクールバスや患者輸送バスに一般住民も乗ることができるようにすることである。過疎集落周辺では小学校や中学校の統廃合が進み、その結果、スクールバスが通っていることもある。通っている場合は、これを利用しない手はない。国もスクールバスの通学以外の利用を認める方向にある。ただしスクールバスは、朝1便（8時頃）、午後2便（15時頃と17時頃）の運行が多く、高齢者の通院などと合わないこともある。このような場合には混乗にしても生活の足としては機能しない[14]。

(2) 方向性2：予約型の運行

　第二は、予約を受け付けて、「予約のある自宅や施設など」を走る乗合型のタクシーを導入することである（図15）。この方法では、少ない車両で広い面積をカバーでき、従来の路線バスより低コストで運行できる方法として、全国的にも導入が進んでいる[15,16]。小型車両を使用することによって、玄関先まで行くこともできる。これは高齢者には大きなメリットであろう[17]。ただし通学や通勤など時間的制約のある移動には対応できない。さらに予約が多いと到着まで相当の時間がかかる。また利用者にとっては予約の手間が発生するため、1～2本程度の限られた幹線道路沿いに集落が位置し、路線バスを走らせやすい地域では路線バスのほうが受け入れられやすい[18]。運行側においても、常時予約を受付ける体制が必要となるため、タクシー事業者がいない地域では、コスト増につながるなど、どのような場所でも効果を発揮するとは限らない。

図15　帯広市の乗合タクシー「あいのりくん」（撮影：若菜千穂）

図16　飛騨市河合町の「ポニーカーシステム」（撮影：若菜千穂）

（3）方向性3：一般の住民がマイカーを使って送迎

　第三は、一般住民がマイカーを使って送迎を行うことである（図16）。道路運送法の改正によって、2006年度から正式にスタートした制度であり、一定の条件を満たせば一般住民が有料で送迎を行うことができる（自家用有償旅客運送）[19]。この方法はタクシーやバス事業者がいないところで行うことができるため、いわば最終手段として導入されることが多い。ただし実際には前期高齢者が後期高齢者を送迎するケースが多く、高齢化がさらに進めばこの方法でも対応がむずかしくなるという予感はある。

（4）タクシー利用券によるサポート

　岩手県にある、私鉄の駅から20kmほど離れた山間の集落の事例を紹介する。1946年に開拓された集落である。当初は23戸で小学校の分校もあったが、現在はわずか9世帯が残るのみとなっている（図17）。最も若い人でも40歳という超高齢化した集落である。マイカーのある世帯が3世帯、バイクのみが2世帯、なしが4世帯である。

　かつては民間バス事業者の撤退を受け、1992年から当集落を含む全村に運行された村営バスも、集落人口減少を背景に廃止。その後、村はタクシーとの差額補助を行う仕組みを整えた。行き先は、それまで村民バスが行っていた駅までと決まっているが、村営バス並みの値段で、タクシーを利用することができる（月2回まで）。70歳代のある男性は、夏はバイクで20km離れた診療所まで出かけ、冬はタクシーを使って外出しているという。この場合、月2回までという制限はあるが、村営バスのときよりもむしろ便利になっている。財政の面で不安は残るが、興味深い事例である。

（林　直樹）

謝辞：この節の執筆にあたっては、「NPO法人いわて地域づくり支援センター」の若菜千穂氏より、多大な情報、ご助言を頂戴した。記して厚くお礼申し上げる次第である。

図17　牧草地の中に住宅がまばらに点在する（撮影：若菜千穂）

1・3
過疎集落に残っている高齢者の生活

1 生活交通についての漠然とした不安

　1・2では、過疎集落の生活交通について、本当の試練が迫っていることを説明した。明るい兆しもあるが、いまだ特効薬は見つかっていない。ここでは過疎集落の高齢者が、どのような気持ちで日々を過ごしているのかなどを説明する。

　1・2に関連することから説明する。過疎集落の高齢者の多くは、将来の生活交通について、漠然とした不安を感じている。マイカーを持っていても、この先、高齢により、技術的・体力的に運転できなくなる日が来る。そのときまでに公共交通の再構築が間に合わなかったら、どうなるのか。病気の高齢者が坂道を何kmも歩く姿を想像してほしい。さびしいバス停で、バスを待つ姿を想像してほしい（図18）。そのような風景を想像して、不安を感じている高齢者は決して少数ではないと思う。

　一方で、研究者には意外に楽天家が多い。「何とかなる」「たぶん何とかなる」「それでも何とかなる」と。もちろん、必要以上に悲観的に考えることは避けるべきであるが、住民の意識から乖離しているのではないかと感じることも少なくない。

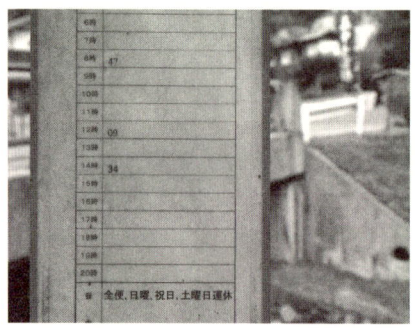

図18　便数が少ないバス停（撮影：齋藤晋）

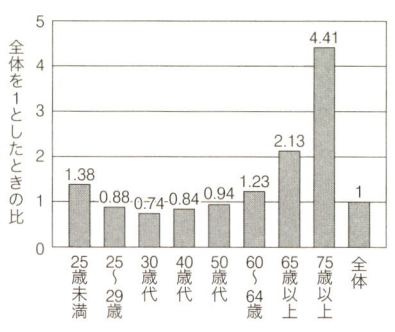

図19　年齢層別の事故率（過去5か年平均）
（出典：笠谷範佳「高齢運転者の事故実態について」『月刊交通』2005.2、pp.18-25、2005）

ところで最近、高齢運転者の事故が話題になっている。そうなると本人が「運転できる」と思っていても、外部から止められる可能性もある。図19をみてほしい。65歳以上の事故率は、全体を1として2.13、75歳以上に限定すると4.41である[20]。

さらに1・2で説明されたように、近年、商店や病院などの撤退や統廃合に伴って、そこまでの距離がどんどん広がっている。長距離のバス通院などを不安に思っている人もいるであろう。

2　地縁がつくる安心感は風前の灯火

誰でもお隣さんが長年の知り合いであると安心する。孤独になりがちな高齢者の場合は特にそうであろう。ところが過疎集落では、「地縁がつくる安心感」も少しずつ失われつつある。すでに「危機」というレベルを通り越した過疎集落も少なくないであろう。

もはや「都市に明るい希望をもとめて」の時代ではない。過疎集落の高齢者は、「通院が困難」「介護が必要」といった深刻な理由で集落を離れ、都市部の息子・娘の家や施設に向かっている。そして、その行き先はばらばらである。過疎集落に残る側からみても、出て行く側からみても、これは「地縁がつくる安心感」の喪失を意味する（図20）。「出て行く側からみても」は、多くの研究者が見落としているところなので、特に強調しておきたい。高齢者の交流の減少は抑うつを高めるといわれている[21]。4・2で説明するが、この現象が大規模

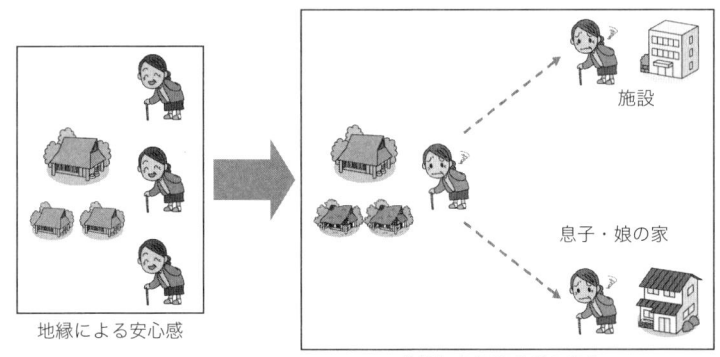

図20　地縁による安心感の喪失

に、なおかつ端的にあらわれたものが、阪神・淡路大震災における仮設住宅入居の問題であろう。

3 出て行った人に降りかかる災難

「出て行く側からみても」という話が出たので、出て行った人についてもう少しだけ触れておきたい。出て行った人は息子・娘の家や施設で、都市的な生活を強要されることがある。これも大きな問題である。「（病気がちになって）施設や都市部の子どもの家に行ったら人生おしまい」という過疎集落の高齢者のことばが強く印象に残っている。

4 住民共同活動なども危機的

生活の不安材料はそれだけではない。集落の人口減少や高齢化により、住民共同活動など（いわゆる町内会活動）も危機的な状況にある。図21は、「限界集落」の代表者からの回答である。住民共同活動などについて、「今はなくなった」との回答が目立つ。「今もある」であっても、おそらく以前より、だいぶ簡素なものであろう。たとえば「道路の草刈り等の共同作業」であれば、その対象となる道路が短くなっている可能性が高く、「レクリエーション（の実施状況）」であれば、子どもが主人公となるものが消滅している可能性が高い。

農村における道路の草刈りは都市の花壇の草刈りなどとはまったく異なる。

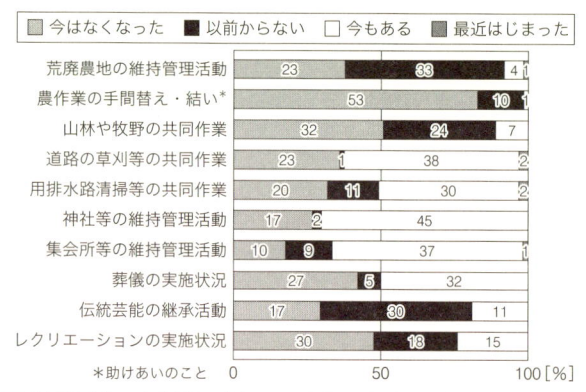

図21　住民共同活動等の実施状況（グラフの数値は該当集落数）
（出典：農村開発企画委員会「平成18年限界集落における集落機能の実態等に関する調査」2007）

草刈りを怠れば、道路は草で覆われ、やがて使えなくなってしまう。そして同じ農村でも、山間での草刈りは平地よりも過酷である。図22は過疎集落の写真ではないが、斜面での草刈りの様子である。写真では大した傾斜には見えないかもしれないが、多くの人は、まっすぐ立つこともおぼつかないであろう。そのような状況下で、草刈り機を操作することは簡単なことではない。

住民共同活動とは限らないが、雪国の場合、雪との戦いも大変である。家の前の雪かきや雪下ろしなどである。雪下ろしの際に屋根やはしごから転落するといった事故も発生している。

さて、住民共同活動などの弱体化に対して、集落の合併（市町村合併のように境界線をなくすこと）という手もあるが、おそらく決定打にはならない。過疎集落の隣も、やはり過疎集落ということが多いからである。

確かにレクリエーションを合同で実施すれば、にぎやかになるであろう。合併により、葬儀の人員確保もスムーズになる[22]。集落で葬儀を行うためにはかなりの人数が必要だからだ（表2）。

とはいえ、たとえば「道路の草刈り等の共同作業」はどうであろうか。同じような過疎集落が合併した場合、人口は2倍になるが、仕事も単純に2倍になるだけである。このような場合、あまりメリットがあるとは思えない。もっとも葬儀の場合も出役の回数が2倍になる。集落の合併に対して、否定的な声もある。合併して集落の範囲が広がると、町内会長の仕事が回ってきたときに大変である[23]。

図22　斜面での草刈り（撮影：前川英城）

表2　葬儀の役割と出役人数
（北海道標茶町の場合）

役　割	人　数
葬儀委員長	1
葬儀副委員長	1～2
総　務	5～10
会　計	7～8
設　営	7～8
葬送（火葬場担当）	5～10
賄（食事の準備、女性）	10～20

出典：福与徳文「集落の再編戸数と葬儀の出役人数—過疎地域における集落再編を計画する視点の一つとして」『農業と経済』71(3)、pp.68-74、2005

5　過疎集落に残っている高齢者は

　生活交通の漠然とした不安、風前の灯火となった地縁、危機的な住民共同活動などについて説明した。このような状況にあって、現在、過疎集落に残っている高齢者は、どのような人なのかについて考える。「現在の場所に住み続けること（定住）を希望する人」が大多数であることは、ほぼ間違いない。誰でも住み慣れた土地は離れたくない。農村の高齢者は、特にその傾向が強い。とはいえポイントは、「定住を希望するか・しないか」ではない。多くの研究者が、ここで考察をストップしているので、この点は強調しておきたい。

　表3をみてほしい。ポイントの1つ目は、「この先、定住が可能か・不可能になるか」である。可能な場合は、深刻な問題とはいえない（問題がまったくないという意味ではない）。一方、不可能になる場合は、程度の差はあるが、深刻な問題である。この先、不可能になる原因としては、「通院が困難」「介護が必要」などがあげられる。

　定住が不可能になる場合に注目する。ポイントの2つ目は、「生活の心配がないところへの移住が可能か・不可能か」である。この「生活の心配がないところ」とは、たとえば、介護施設、病院、施設へのアクセスが容易なところ（息子・娘、親戚の家など）である。それが可能な場合、確かに問題は深刻であるが、生死に関わるというほどではない。近年の離村者の大半が、おそらくこの立場にあった人であろう。

　一方、不可能な場合は、生死にも関わる深刻な問題である。不可能である理由としては、「お金がない」「寄る辺となる息子・娘、親戚がいない（相性が極端にわるい場合も）」などがあげられる。心中を察することはむずかしいが、おそらく、非常に不安な日々を過ごしているか、考えることをあきらめているか

表3　過疎集落に残っている高齢者

		ポイント2　生活の心配がないところへの移住が	
		不可能	可能
ポイント1　この先、定住が	不可能になる	生死にも関わる深刻な問題	深刻な問題
	可能	深刻な問題とはいえない	

のどちらかであろう。このような弱い立場にある人が置き去りにされることが許されるはずがない。

　過疎集落の高齢者の生活を考えるとき、不覚にも私たちは、個々人が置かれた立場を単純化してしまうことがある。しかし実際には表3のように、いくつかの立場が存在する。言うまでもなく、最優先は「この先、定住が不可能になる高齢者」で、なおかつ「生活の心配がないところへの移住が不可能な高齢者」である。このことを肝に銘じておかなければならない。

（林　直樹）

第 **2** 章

予想される国の将来

持続的に山野の恵みを引き出す焼き畑。
このような文化も消えつつある（撮影：永松敦）

2・1
田畑の消滅

1　国全体の将来にも暗い影

　第1章では過疎集落の問題について説明した。これらの問題は国全体の将来にも暗い影を落とす可能性がある。第2章ではその「暗い影」について説明する。この先、集落の消滅に伴って、多くの田畑が失われるであろう。2・1では京都府の中山間地域を例に、①消滅が危惧される集落の数、②消滅が危惧される田畑の面積を予測する。

2　集落の「消滅が危惧される」とは

　ダム建設などではなく、ここでは集落の住民が減少し続け、居住し続けることが困難となり、その結果、集落が消滅してしまう場合に注目する。では、どのような状態になれば、集落の存続がむずかしくなるのか。何をもって「消滅が危惧される」と判断するのか。

　これまでに書かれた文献にあたると、集落の人口や世帯の減少が進むなかで、戸数があるボーダーラインを下回ると集落の存続が困難になると説くものがみられる。藤沢[*1]は、豪雪地帯の集落存続のためには、5～6戸以上が必要、と述べている。つまり総戸数4戸以下では消滅してしまうおそれがある。豪雪地帯以外にもあてはまるかどうかは議論が残るところではあるが、ひとつの目安としてはわかりやすい。

　橋詰[*2]は、中山間地域においては農業生産や生活等の集落機能を維持するために必要な農家数の分岐水準は、5戸程度であり、農家4戸以下では集落機能が維持できない、と述べている。ここでは集落機能の消滅の先には集落そのものの消滅があると考える。

　集落の存続・消滅の判断基準としては、戸数ではなく人数（人口）に着目したものもある。そのなかで最も有名なものが大野[*3]の文献であろう。大野は、

65歳以上人口が集落の半数を超えている集落（限界集落）の行先は集落の消滅、と指摘している。

その土地にうまれ育った人は、そのまま住み続けやすく、一度出て行っても戻ってきやすい。よって、その地でうまれる人がいなくなることは集落の存続をいっそうむずかしくする。筆者[*4]は「25～34歳女性人口理論値が0.5未満の集落を『出生消滅危惧集落』」と定義している[*5]。「出生消滅危惧集落」はいずれ消滅を迎えるであろうと考えている。

今回は入手できるデータが限られているため、藤沢の「総戸数が4戸以下（では消滅）」、橋詰の「農家戸数が4戸以下」を採用する。以下、このような条件にあてはまる集落のことを「消滅危惧集落」と呼ぶ。

3　分析のねらいと対象

はじめに述べたように、①消滅危惧集落数（消滅が危惧される集落）、②消滅が危惧される田畑の面積を予測する。2005年のデータでは、必要なものがそろわないため、主として2000年のデータから予測する。

対象は京都府下の中山間地域の農業集落とする[*6]。

4　予測方法の要点

前述の判断基準で、将来の消滅危惧集落数を予測するためには、将来の各時点における「集落ごと」の農家戸数と総戸数を知る必要がある。

(1) 農家戸数

①農家人口を「農家の平均世帯員数（1農家に平均で何人いるか）」で割ったものを農家戸数とする。②農家人口（性・年齢層別）はコーホート要因法[*7]を使って推計する。「2000年世界農林業センサス農家調査一覧表」（以下、「一覧表」）の農家人口を基準とする。国立社会保障・人口問題研究所の「日本の市区町村別将来推計人口（平成15年12月推計）」（以下、「市区町村推計」）の仮定値も利用する。③農家の平均世帯員数は「65歳以上の農家人口の割合」から求める（「一覧表」のデータから作成した関係式を使用）。計算する順番で並べると、農家人口→農家の平均世帯員数→農家戸数となる（図1）。

(2) 総戸数

①総戸数は農家戸数に非農家戸数を加えて求める。②非農家戸数は、「2000年世界農林業センサス農業集落カード」(以下、「カード」)にある2000年の戸数を基準として、集落が属する市町村の世帯数の変化の割合をあてはめて求める。③各時点の市町村の世帯数は、「市区町村推計」の将来推計人口を「(市町村の)1世帯あたりの人数の平均」(「平成12年国勢調査」2000より)で割って求める。計算する順番で並べると、市町村の世帯数(の変化の割合)→非農家戸数→総戸数となる(図2)。

農家戸数と総戸数がわかれば、各時点において、消滅危惧集落かどうかが明らかになる。消滅危惧集落の経営耕地面積(「一覧表」より)を「消滅が危惧さ

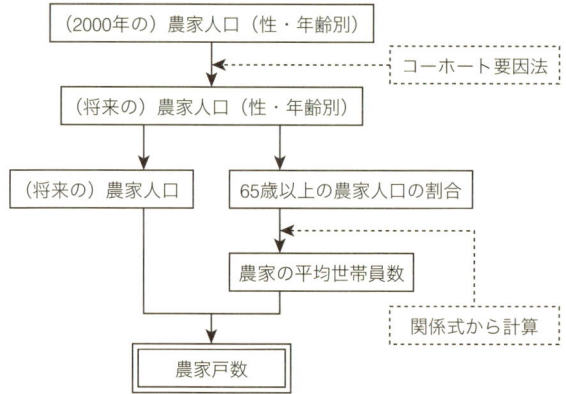

図1 将来の農家戸数の計算手順

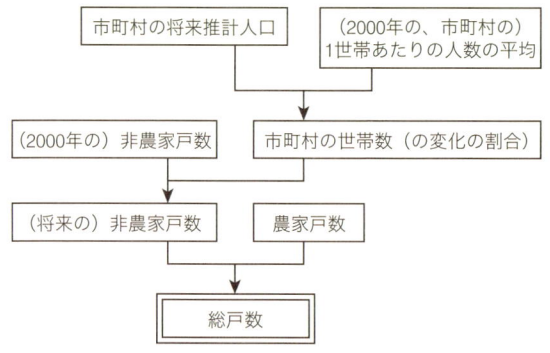

図2 将来の総戸数の計算手順

れる田畑の面積」とする。

　次は計算する順番にそって、もう少し詳しく説明する。結果だけを知りたいという方は、「5　予測の方法」をスキップして、「6　予測の結果」に進んでほしい。ただ、予測というものは「何をもとに」「どのような仮定で」「どうやって計算したか」がとても大切である。少々むずかしい話になるが、なるべく読み飛ばさないでほしい。

5　予測の方法

(1)　農家人口

　農家人口（性・年齢層別）はコーホート要因法を使って推計する。そのためには、基準となる農家人口データ、純移動率（転出・転入の状況を反映）、生残率（生死の状況を反映）、婦人子ども比（出生の状況を反映）、0〜4歳性比[*8]（出生時の男女比を反映）が必要となる。

　「一覧表」の「農家人口：年齢別世帯員数」を「基準となる農家人口データ」とする[*9]。2000年の時点でデータが秘匿扱いとなっている集落は分析から除外する。「総戸数」（後述）を求めるときに用いる「非農家（戸）数」（「カード」）のデータが存在しない集落も同時に除外する。これにより分析の対象は（京都府の中山間地域の975集落中）947集落となる。

　純移動率、生残率、婦人子ども比、0〜4歳性比については、「市区町村推計」のものを使用する。ただし、これらは市町村単位であり、集落単位ではない。そこで「市町村のどこであっても、純移動率、生残率、婦人子ども比、0〜4歳性比は均一である」と仮定し、集落が属する市町村の純移動率などをそのままあてはめる。

(2)　農家の平均世帯員数と農家戸数

　農家の平均世帯員数は「65歳以上の農家人口の割合」から求める。あくまで概数であるが、「農家の平均世帯員数 y」と「65歳以上の農家人口の割合 x（$0 \leq x \leq 1$）」の関係式（「一覧表」のデータから作成）は次のとおりである[*10]。

$$y = -5.2257x + 5.6848 \quad (R^2 = 0.5787)$$

　この関係式がこのまま変化しないと仮定し、各時点の「65歳以上の農家人口の割合」を代入し、農家の平均世帯員数を算出する。農家人口を「農家の平均

世帯員数」で割ったものを農家戸数とする。

(3) 市町村の世帯数

各時点の市町村の世帯数は、「市区町村推計」の将来推計人口を「(市町村の 2000 年の) 1 世帯あたりの人数の平均」で割って求める。1 世帯あたりの人数の平均は、「平成 12 年国勢調査」の市町村の「人口」を「総世帯数」で割ることで求め、この値がこのまま変化しないと仮定する。

表1　消滅危惧集落数

	消滅危惧集落数	
	2020 年	2030 年
総戸数 4 戸以下	2	8
農家戸数 4 戸以下	16	53

＊秘匿扱いを除いた 2000 年の京都府中山間地域の全集落は 947 集落

(4) 非農家戸数と総戸数

非農家についてのデータは非常に少ない。「カード」から調査時点の非農家（戸）数がわかるだけである。人数さえもわからない。

非農家戸数の変化の割合は、集落が属する市町村の世帯数の変化の割合と同じとみなす。たとえば、ある期間に市町村の世帯数が半分（2 倍）になれば、集落の非農家戸数も半分（2 倍）になるとみなす。非農家戸数は、「カード」にある 2000 年の戸数を基準として、集落が属する市町村の世帯数の変化の割合をあてはめて求める。総戸数は農家戸数に非農家戸数を加えて求める。

(5) 消滅が危惧される田畑の面積

「農業集落が消滅しても、別の管理主体によって田畑が維持される」ということも考えられないことはない。ただし現状では「農業集落の消滅≒その農業集落が関わる田畑の不可逆的な消滅」とみなして差し支えないと筆者は考える。そこで消滅危惧集落の 2000 年の経営耕地面積（「一覧表」より）を「消滅が危惧される田畑の面積」とする。たとえば、ある集落が 2030 年に消滅危惧集落になったとしても、2000 年の段階での田畑の面積をみる。

6　予測の結果

結果をまとめたものが表 1 と表 2 である。2030 年の時点で「農家戸数 4 戸以下」となる集落（消滅危惧集落数）は、分析対象の 5.6％にあたる 53 集落と予測された。また、「総戸数 4 戸以下」となる集落は、8 集落（0.8％）となった。

ただし、これら以外の集落は大丈夫という意味ではない。あえて人間にたと

表2　消滅が危惧される田畑の面積（田・畑別）

[ha]

	消滅が危惧される田		消滅が危惧される畑	
	2020年	2030年	2020年	2030年
総戸数4戸以下	9	20	1	4
農家戸数4戸以下	33	185	3	21

＊ 1ha（ヘクタール）＝ 10,000m^2

えるなら、消滅危惧集落は危篤状態の集落である。これら以外の集落は、「危篤状態ではない」というだけで、必ずしも「健康（問題がない）」ということではない。

「消滅が危惧される田畑（2030年）」の面積は、「農家戸数4戸以下」でみた場合には206ha（＝田185ha＋畑21ha）、「総戸数4戸以下」では24ha（＝田20ha＋畑4ha）になると予測された。

7　田畑の消滅の影響を考える

「消滅が危惧される田畑（2030年）」の面積206haは、京都府の中山間地域の田畑の総面積（2000年時点、「一覧表」）の約1.6％に相当する。これを多いとみるか少ないとみるかは人それぞれかもしれない。

田に限定してみてみよう。「消滅が危惧される田の面積（農家戸数4戸以下、2030年）」は185haである。10a（1,000m^2）あたりの水稲の収量を522kg[*11]とすると、約96.6t／年のコメを失うことになる。これは、日本人1人1年あたりのコメの消費量を約60kgと考えると、約16,000人分にあたる。京都府の中山間地域だけでこれだけの量を失う。そのようにみれば、決して少ない面積ではない。ただし、2030年までに京都府の人口が約20万人減少する（「市区町村推計」より）ことを考えれば、やはり評価はわかれるであろう。

本稿ではわかりやすい数値として消滅が危惧される田畑の面積に注目したが、数字になりにくい質的なものもある。中山間地域では、その地形・気候条件をいかして、平地農業地域にはない作物を生産するところも多い。この先、それらの作物も失われるであろう。これも深刻な問題である。

（齋藤　晋）

2・2
地域固有の文化の消滅―山村における生業を中心に

1 　地域固有の文化の消滅

　2・1 では田畑に注目して集落消滅の影響を説明した。本節では同じく集落消滅の影響を「地域固有の文化」の面からみる。現状のように農山村において無秩序に集落が消滅すれば、多くの文化も失われてしまう。文化の消滅は単なる「さびしさ」をもたらすだけではなく、ものによっては、将来の国民の多くに「実害」をもたらすであろう。

　さて、一口に「文化」というと、非常に多くのものが入ってしまう。「文化」といわれて、はじめに思い浮かぶものは華やかな祭礼や民俗芸能かもしれないが、日常的な生活や仕事の様式もすべて含まれる。山村で身近なものとしては、猪鹿などの獣肉、山茶、きのこ類を利用する文化などが有名である。

　では、失われると将来の国民の多くに「実害」をもたらす危険性が高い文化は何か。それは日本の山野の恵みを持続的に利用する技術、その地の気候風土に適した農法などであろう。「石油や食料の大量輸入に依存した社会」が、この先もずっと続くとは限らない。日本の山野の恵みを利用しなければ生きていけない時代が再び到来するかもしれない。そのときになって、そのような「技術」がないことは致命的な問題になるであろう。本節においては、そのような「技術」の一例を紹介する。

　山野の恵みを利用する技術としては、狩猟、焼き畑、山野草採りなどが有名である。本節では、山林における循環型農法のひとつである「焼き畑」を紹介する。山林を焼き、その灰を肥料として雑穀や根菜類を一定期間栽培して、そのあと元の森に戻すという農法である。「焼き畑」を選んだ理由は次のとおり。①本書が対象としている山間でみられる。②「山菜を育てる」「狩場・カヤ場をつくる」「漁場をつくる」といった農業以外の効果がある。③この先の早い段階で消滅する危険性が高く、計画的な保全が求められる（生物における絶滅危惧

種のような存在）。

2　焼き畑の衰退

　山村は戦後、拡大造林で一時的に沸いた。たとえば広葉樹林を針葉樹林（スギなど）に変更することを「拡大造林」という。日本全国で営まれた焼き畑は、この拡大造林を契機に、急激にその姿を消した。その最も大きな理由は、「金になる木を燃やしてはならない」からであった。しかし住宅ブームが終わり、外来材が安く輸入されるようになると、結局、必要以上に植林したスギやヒノキはあまるようになった。かつて焼き畑を営んでいた村は、どこも過疎化・高齢化が顕著である。

　熊本県阿蘇地方でも、1960年代にスギの植林が盛んに行われた。阿蘇火山の外輪山の内側斜面に今もスギの植林の跡が見られる。1950年代までは雑木が主であったという。阿蘇盆地内にも植林がなされており、その当時の理由としては火山灰土で水田を営みにくいために、保水力を維持するためにスギを植えたというのである。ところが実際にはスギの成長が早く、保水力よりも吸水力のほうが勝っており、農耕には有効な手段ではなかった。科学的根拠のないまま、スギの植林が続けられた。当時は高値で取引されていたため、どのような理由をつけても植林することが優先された。今では阿蘇の草原の景観の妨げになるとして、行政が伐採に乗り出している。

　焼き畑は斜面地農法の一種である。山奥では平地が少なく水田や常畠[*12]だけでは十分な食料と換金作物を栽培することができない。そのため、1960年代頃まで各地の山奥で焼き畑が継承されてきた。当時の「山の民」は雑穀中心の食生活であった。焼き畑がその後急速に失われた理由としては、前述の拡大造林に加えて、高冷地でも栽培できる稲が開発され、山間の人々が水稲耕作に従事するようになったこともあげられる。さらにゴムホースの普及によって、山間の小規模な水田に水が行き渡るようになると、雑穀中心の食生活は米中心に変化した。山の民が平地型の稲作主体の生活に接近したということである。

　山村を変えたものは、それらだけではない。多くの山村が電源開発のためのダムに沈んだ。北では、サケ、マスの遡上の妨げとなり、九州ではヤマメ、ウナギにも影響が出た。近代化の中で山村の生態系が変わり、山の民の生活も一

変した。

3　日本の焼き畑

　焼き畑は全国に分布しており、それぞれの呼称がある。東北地方は、「カノ」「アラキ」と称している。カノ（刈野）は屋根の葺き替えや牛馬の飼料を獲得するために、カヤを刈る野を意味する。カノでは赤カブを栽培し、現在では山形県鶴岡市温海の特産品になっている。アラキ（新木）は若い林の場所を意味する。青森県の世界遺産、白神山地でかつて行われていたもので、ミズナラの木で炭を焼き、その後、残った木を焼いて、ヒエ・大豆などを栽培した。40年ほど経過すると、もとどおりのミズナラ林が再生した。

　現在の白神山地は世界遺産に登録され、前述のような利用ができなくなったが、それまでは山の民が自由に伐採して利用し、森を若返らせていた。白神山地は江戸時代、城下町であった弘前へ木材や薪などを供給する山であり、まさに弘前城下を支える建材とエネルギーの供給源でもあった。

　中部地方では、白山麓に「ナギ（薙）」と呼ばれる焼き畑があるほか、長野県と新潟県にまたがる秋山郷では「アワガンノ」という焼き畑がブナ林でつくられた。今はダムに沈んだ新潟県三面（みおもて）にも、アワを主体とした「カンノ」（焼き畑）があった。

　一般的に、焼き畑は3〜5年程度、数種類の作物を輪作して土地の養分が不足したところで、もとの森に戻す（休閑）。中部のブナ林における焼き畑の場合、休閑期間は、3〜5年程度でよいとされる。理由はブナ林が豊富な腐葉土に覆われているからで、地力がすぐに回復するからであるという。地元住民はブナ林があれば山は豊かだと語る。後述の九州地方の焼き畑の休閑期間は10年以上と長期間である。中部地方の焼き畑と九州の焼き畑との科学的な土壌調査が望まれるところである。

　九州地方では、「ヤボ（藪）」、「コバ（木場）」と称して、宮崎県椎葉村で焼き畑が行われている。かつては周辺の西米良村、諸塚村、熊本県五木村などで焼き畑が広範囲に営まれた。ヒエを主食とし、標高1,000mを超すような高地で焼き畑が営まれた（図3）。

　椎葉村の人工林では木材を搬出したあとに山が焼かれる。ソバ、ヒエなどを

栽培し、2年目から作物の栽培とともに、スギやクヌギなどの植林が行われる。山の民にとっては、焼き畑農業も林業も区別することなく、同時並行に営まれ、森を再生しているのである。

山村の使命は、山や森の再生とその利用である。しかし、その山村が今、消失しようとしている。拡大造林によるスギ・ヒノキが多数植林された山々が利用されず放置されるとどうなるのか、後世に大きな問題が残ることは間違いない。

図3　ヤボ　斜面地に営まれた焼き畑

4　焼き畑の合理性―宮崎県椎葉村の事例から

椎葉村に現在も1軒だけ焼き畑を伝える家がある。住居は標高800mに位置しており、水田6反（約6,000m²）、常畑3反、菜園畑3畝（約300m²）、山林を100町歩（約1km²）有している。常畑は、大麦、里芋、トウキビを輪作する畑で、菜園畑（シャーエバタケ）は、ニンジン、大根、白菜、ナス、トウガラシ、高菜などを栽培している。水田はゴムホースの普及により2反増えたとされ、1960年までは4反であった。同じころ、早生の農林17号という品種が普及したが、それまでは「ゲデンダオシ（下田倒し）」という、最も質のわるい水田でも穂が倒れるように実るうるち米の品種があったという。この家が焼き畑を今まで継承し続けてきた理由は、100町歩もの持ち山があるからであった。この家ではまだ焼き畑に利用したことがない山もあるといっている。

焼き畑は休閑期間が長ければ長いほど、雑草の根が枯れるので、次に山を焼く時には、雑草の生えにくい畑地ができあがる。休閑期間が短いと雑草が生えやすく、播種後の草取りの作業が大変になる。椎葉のことわざに「貧乏人はあらしゃぼ焼くもんじゃから、草しか生えん」とあり、休閑期間の少ない「アラシャボ（新藪）」を焼くと雑草が多くなり、実りが少ないのだという。

秋になると、木の伐採が行われる。近頃ではスギの人工林を利用するので、枝を払って木材を搬出しておく。二次林（伐採跡地などで自然に形成された林）の場合は、かつては「木おろし」と称して、人が木の上に登って枝払いを行い、

ツクと称する竹竿を使って空中で木から木へと直接体を移動させて、枝払いを行った。椎葉・西米良では木おろし慣行があったことは知られるが、この家ではその経験がないという。枯れ枝は冬の間放置されるために、この焼き畑のことを「オキヤボ」とも呼んでいる。微生物で葉を腐らせ土を肥沃にするための方法である。

　火入れによって病害虫の駆除がなされ、木灰によりカリを含んだ栄養分が一帯に行き渡る。このため焼き畑の作物は病気にかかりにくいとされる。火入れは春と夏に行われるが、現在は夏の火入れだけが残っている。春の火入れ（4月頃）は、強風による山火事の危険性があるため、現在は行われていない。春の火入れの焼き畑を、秋に木おろしをすることから、「秋ヤボ」、あるいは「春ヤボ」と称し、夏に焼く焼き畑を「夏ヤボ」と呼んでいる（図4）。

　秋ヤボ（春ヤボ）は、ヒエを栽培するための焼き畑で、およそ標高800m以上のところで営まれる。1、2年目はヒエを植え、その後、大豆などを植える。秋ヤボ（春ヤボ）は主食型の焼き畑であり、高冷地を利用して虫害を防ぐ。

　これに対して、夏ヤボはソバを植え（図5）、2年目にヒエ（図6）・アワ（図7）、3年目に小豆、4年目に大豆を植える。輪作が続くことで地力が衰えるために、窒素固定効果のあるマメ科の作物が栽培される。夏ヤボの火入れは8月の盆前までに行い、その後、播種から収穫までの期間が最も短いソバを植える。ソバは播種後75日目に食卓に乗るといわれるほど、生長が早い（図8）。このとき大根も一緒に播く（混播）。ソバと大根を一緒に播く理由は、発芽の早いソバと一緒に、発芽の遅い大根の種も植えることで、雨による種と土壌の流出を

図4　焼き畑の火入れ　　　　　　　図5　ソバの種蒔き　播種後、箒で灰を被せる

おさえるためという。まさに急斜面の農法である。夏ヤボは副食型の焼き畑であり、人里に近いところで営まれる。

前述のように火入れには土壌を殺菌する効果があるので、野菜の苗床としても利用される。赤カブ、白カブ、白菜、シャクシナ（青梗菜のこと）などは、夏ヤボで種をまき、ここで苗立をして、旧暦8月15日の中秋の名月までに菜園畠に植え替えたという。

以上のように、焼き畑は、一見、粗放な農業のように見えるが、極めて合理的な農業として位置づけることができる。

5　焼き畑の復権に向けて

これまで多くの文化人類学者、考古学者、民俗学者が、焼き畑がいかに合理的な農業であるかを提唱していても、ほとんど現代社会に活用されることはなかった。それは木を切り出す労力が極めて重労働を伴うからである。それと斜面地に鍬をほとんど入れることなく種を播くので、固い土で栽培することになり、収穫量が常畠に較べると極めて少ない。しかし焼き畑の作物は澱粉量が少ない分、香りや味覚の成分が濃厚に残るため、ソバなどは今でも高価で売買されている[*13]。

焼き畑が環境破壊につながるといわれているのは完全な誤解である。現在の小学生用のテキストでも地球温暖化の原因のひとつに焼き畑が紹介されていて驚いたことがある。山野を焼き払ってから、恒常的な農場を切り開く農業と、短期的な農場を切り開くために山野を焼いて元の森に戻すことではまったく意

図6　ヒエ 　　　　図7　アワ 　　　　図8　ソバ

味が異なるのである。このため英語では、前者の農業を"slash and burn agriculture"(伐採して焼く農業)と表記するのに対して、後者は"shifting cultivation"(転移する農業)と表記して使い分けていることに留意するべきである。人為的な森の利用は、森林を若返らせる効果も有している。古木についた害虫、雑菌を焼き払い、森林を若木に戻すことは豊かな実りをもたらし、鳥獣の棲みかをつくり、よりよい生態系を維持につながる。

6　焼き畑の農業以外の効果

(1) 山菜の育てる

　焼き畑には農業以外の効果が認められる。山の木を伐採することで、地表面に日光が当たるようになるため、ゼンマイ、ワラビ、フキノトウ、サド(イタドリ)などの山菜が芽吹くようになる。山菜が生い茂るというのは、野焼きとまったく同じ効果が得られていることになる。野焼きと焼き畑は、火を入れるという点で似ている。ただし、野焼きは雑草の草原を維持するためのもので、作物の種子をまいて栽培する焼き畑とは異なる。

　ここでは野焼きによる山菜づくりの例をひとつ紹介する。椎葉村内の尾手納(おてのう)地区では現在、隔年で3月頃、野焼きが行われている(図9)。5月には一斉にワラビが芽吹き、冬の保存食として摘み採られる[*14](図10)。秋にはカヤ(屋根の材料となる草)で一面が覆われて見事なカヤ場となる(図11)。なお、同地区は庄屋の狩倉(狩猟をする場所)だったという伝承がある。伝承が確かだとすると、カヤ場は狩猟と深く関わるのである。

図9　野焼き

図10　ワラビの芽吹き

(2) 狩場・カヤ場をつくる

　現在でも、焼き畑の場合、山中で大豆やソバの実を棒でたたき落とす。そこにイノシシがやってくるとされる。焼き畑の跡は山中で見通しの良い場所となり、格好の狩場となる。柳田国男は「後狩詞記」に次のような記録を残している[*15]。

　　大豆、小豆、ソバ、稗等を焼畑の内にてたゝき落し収納したる跡を云ふ。
　　猪は来りて落穂をあさるものなり

　さきほどは野焼きによってカヤ場ができる様子を説明したが、焼き畑もカヤ場をつくることができる。カヤが生い茂りやすいところで焼き畑をする場合は、「アワガンノ」と称してアワだけを栽培したり、「ダイズガラメ」と称して大豆だけを植えたりすることがある。この場合は2年ほどで輪作をやめ、その後はカヤ場とする土地利用が、かつては見られた。

　以上のように、焼き畑―カヤ場―狩場はリンクしていることがわかる。土地が複合的に利用され、複数の生業が絡み合いながら共存している様子がよく認められる。

(3) 漁場をつくる

　山村が焼き畑や野焼きを継承し、落葉広葉樹の二次林を残した場合、下流によい漁場ができる。落葉広葉樹林の腐葉土の養分が川からやがて海に流れて、豊かなプランクトンを育むからである。山村の生活形態の変化が下流にまで及ぶことがよくわかる。

　近年は海の漁師がよい漁場をつくるために、上流の山に落葉広葉樹を植えている。宮崎県延岡市北浦町の漁師は、五ヶ瀬川の上流にあたる高千穂町・日之影町に落葉広葉樹の植林を行っている。高千穂町・日之影町は椎葉村に隣接し、同じ焼き畑、狩猟地帯であった。戦後、拡大造林を続け落葉樹を減少させた山村と、漁場つくりのために落葉樹を植林する漁村との関係は興味深い。

図11　カヤ場

7　海・里・山の相互交流の活発化

　さて、焼き畑の話からは外れるが、「この先、山村やその文化を残すため、手始めに何をすべきか」について記しておく。著者は、海・里・山の相互交流を活発化し、都市との連携を図ることで、それぞれの役割を自ら認識することが急務と考える。その好例をひとつ紹介する。

　猟師のなかでも熊狩りを主な活動とする「マタギ」が東北地方にいる。マタギたちは熊の保護に尽力し、人間と熊との共存を図る役割を担っているという自信に満ち溢れている。秋田県北秋田市の「阿仁マタギ」といわれる人々は旧阿仁町が経営している打当温泉を中心に「マタギ学校」と称して、熊狩り見学、山菜採り、語り部など、多彩な活動を行っている。山形県小国町のマタギたちも毎年、熊祭りを行い、熊猟の実演を多くの人々の前で演じることにより、自然と人間との共生の必要性を熱っぽく説く。青森県西目屋村の「マタギ舎」を運営する工藤光治氏は、世界遺産となった白神山地に人間の手入れが必要であることを強調する。

　山村にはかつて焼き畑や狩猟などの生業を中心とした、山村にしかない生き方があった。そして山村における生き方は、山を源流とする川筋の里や海の生活にも大きな影響を与えていた。これからの農山漁村のあり方を考えるうえでは、山、里、海のそれぞれの住民の役割を明確化する必要がある。都市住民については、自らが大量の資源を消費していることを自覚すべきであろう。資源輸入大国とはいえ、都市住民が手に入れる資源のなかには周辺の農山漁村で生産されたものも少なくない。周辺地域のことを思いやって、どのように関わっていくのかを真剣に考えることが不可欠である。

（永松　敦）

2・3
地域固有の二次的自然の消滅

1　農村の二次的自然

　過疎集落が消滅すると、田畑（2・1）や地域固有の文化（2・2）だけでなく、「二次的自然」も失われる。本節では農村における二次的自然、その消滅が国民にもたらすダメージについて説明する。

　農村は実に多様な環境で構成されている。田畑などの農地のほか、水路、ため池、雑木林などの個々の環境が農業の営みを通じて有機的に結合し、多くの生き物の住みかとなっている。

　「ある農村集落」の景観を簡単にスケッチしてみよう。樹木が北西の方向から家屋を取り囲んでいる。これは冷たくて厳しい冬の季節風から家屋を守るため、防風雪林として植えられたものである。このような林を屋敷林といい、針葉樹ではスギ、広葉樹ではケヤキなどが用いられている。集落の近くには畑や林がある。この林は、かつて落葉を集めて堆肥をつくったり、薪を取ったりするために用いられていた。コナラやクヌギ、アカマツなどがおもな樹種である。

　林に面して田んぼが広がっている。林に沿ってさかのぼっていくと斜面が切れて浅い谷になる。このような浅い谷を谷津（谷戸）といい、田んぼとして利用されている場合には、谷津田（谷戸田）という。谷津田の最も奥には林で囲まれた池がある。これは田んぼで使う水が不足する事態を避け、また田んぼに入れる水を温めるために人工的に作られた池である。

　谷津田の縁には小さな土の水路が掘られている。それに沿って下って行くと、水路は徐々に広くなり小川になる。そして小川は集落を流れる大きな川に注いでいる。川のまわりにも田んぼが広がっている。田んぼの区画は谷津田よりも広い。川からは水を引く水路が造られ、田んぼに注がれている。

　このような農村の風景は各地でおおむね共通している。この環境は原生の自然とは異なる。人が暮らしやすいように、手を加えてつくり変えた自然であり、

人に使われることによって、構造と機能を保ってきた。そしてそこには、それに適応してきた多くの植物や動物が暮らしている。このような自然を原生的自然に対し、「二次的自然」という。

2 二次的自然で暮らす多くの生き物

(1) 水田やため池

　大きな川のまわりには水田地帯が広がっている。水田になる前、ここは川が洪水のたびに氾濫し、肥沃な土が平らにたまった場所で、後背湿地といわれるところであった。洪水に見舞われるたびに浸水し、一時的な水溜りができた。ここは流れがなく、川から大きな魚が入ってこないため、メダカなどの小さな魚類の格好の繁殖地であった。また丈の高い草や木が常に洗い流されることで開かれた場所は、泥の中の小動物を食べるシギやチドリ類の採食地となっていた。

　後背湿地が水田になっても、これらの生き物は消滅しなかった。水田においては田起しや代かきが洪水と同じ役割を果たし、除草の効果と一時的な水溜りを提供している。このことが、後背湿地が水田に換わってしまった現代においても、メダカやシギ・チドリ類が水田を利用できる理由と考えられている[*16]。

　ため池は水田より深い恒久的な水溜りである。そこにはゲンゴロウやタガメなどの大型の水生昆虫やフナ類やコイなどが生息している。中干しや非灌漑期で水田に水がないとき、ため池は水田生物の避難所となる。

(2) 雑木林や社叢林

　クヌギやコナラなどの落葉広葉樹からなる雑木林では、落葉の時期に林床まで日光が届き、春には林床にカタクリやアズマイチゲ、カンアオイ類などの春植物が花を咲かせる。氷河期の生き残りといわれるギフチョウはカタクリなどを吸蜜し、カンアオイ類に産卵する。

　このような雑木林は二次的自然である。人が利用しなくなると、関東以西の雑木林はスダジイやアラカシなどの常緑広葉樹に置き換わる。クヌギやコナラなどは、かつて木炭や薪、シイタケの原木栽培用のほだ木として大量に利用されていた。伐採後、切り株から新しい芽が出る。15年程度生長させて、再び伐採する。このような管理により、常緑広葉樹への遷移（植生が移り換わること）

が食い止められていた。クヌギやコナラを利用し、堆肥にするために落葉かきをする人の営みが、春だけに出現するこれらのはかない生き物たちの生存を保障してきた。なお神社や寺の境内の社叢林には、御神木として守られてきた大木が多い。このような大木の樹洞には、アオバズクやフクロウが巣をかける。

(3) 草原

　九州地方の阿蘇や中国地方の三瓶山などの草原では、マメ科のクララを食草とするオオルリシジミ、秋の七草で知られるオミナエシを食草とするウスイロヒョウモンモドキなどのチョウ類、毒があり牛馬が口にしないオキナグサなどの希少な生き物が見られる。草原も二次的自然であり、何もしなければ多くは森林になってしまう。牛馬の飼養のための放牧や採草、野焼きなどが、このような草原の維持につながっている[*17]。

(4) まとまりがあることが大切

　春先の水田や休耕田の水溜りで産卵するニホンアカガエルや、田植え後の水田に産卵するシュレーゲルアオガエルは、産卵が終わると近くの雑木林に移動して林内で暮らしている。また社叢林に営巣しているフクロウ類は、ネズミやモグラ類が多く生息する畑や果樹園などで狩りを行う。同じ種でも、季節や発育ステージ、1日の行動によって複数の環境が必要な生き物が多い。

　農村には屋敷林や社叢林、畑、水田やため池、そして雑木林が、ある程度の狭い空間に、モザイク状にまとまっている。生息生育に複数の環境が必要で、なおかつ移動できる距離が限られた生き物の多くが、このような農村環境に適応し、それに依存して暮らしている。

(5) 里地里山の絶滅危惧種

　農村の二次的自然を「里地里山」と呼ぶことがある。環境省は「里地里山」の主要な要素を二次林（伐採跡地などにできる森林）、二次林が混在する農地、二次草原の3タイプと捉え、2次メッシュレベルで、概略的な分布を調べた[*18]。なお、2次メッシュとは地図を碁盤の目のように区切ったもので、ひとつの区画は約10km四方である。その結果、国土の4割程度が里地里山であった。絶滅危惧種が集中して生息生育する地域をRDB種集中地域といい、これには動物と植物の2種類があり、メッシュ内に絶滅危惧種が5種以上生息生育する地域（メッシュ）をさす。動物RDB種集中地域の49％、植物RDB種集中地域の

図12 かつては水田で普通に見ることができた「アブノメ」(撮影：前川恵美子)

55％が里地里山地域と重なった。かつて身近に生息しており、現在希少種や絶滅危惧種となったメダカ、トノサマガエル、サシバの生息地のそれぞれ69％、62％、65％が里地里山であった。

つまり里地里山は数多くの希少種や絶滅危惧種が生息生育する「ホットスポット」である。そこでの希少種や絶滅危惧種の多くがかつて身近にいた種(図12)である。里地里山は多くの生き物にとって、極めて重要な地域であるといえる。

3　農村の過疎化の影響

　農村の過疎化に伴い、雑木林やため池の管理不足や田畑の耕作放棄が進み、地域固有の二次的自然とそこで暮らす多くの生き物が消滅している。この先、無秩序に過疎集落が消滅すると、農村におけるその地の二次的自然も、そのほとんどが失われていくであろう。

(1) 雑木林

　関東以西の落葉広葉樹からなる雑木林は、定期的な伐採が行われなくなると、前述のように常緑広葉樹林に遷移する。そうなると林床は暗くなり、春植物は生育できず、ギフチョウも消えてしまう[19]。

(2) 水田や水路・ため池

　水田の耕作が放棄されると田面がヨシやガマなどの高茎草本で覆われ、開放水面が消失する。また放棄後数年間で、ヤナギ類やハンノキなどの樹木が侵入する。そうなると小動物の繁殖や鳥類の採食地としての機能は失われる。

　定期的に泥上げが実施されている水路やため池には、ヌマガイなどの二枚貝が生息し、その二枚貝に産卵するタナゴ類の生息環境が保たれていた。しかし水田の放棄に伴って、水路やため池が放棄されると泥が堆積してヘドロ化する。そうなると二枚貝などの底生動物が死滅し、タナゴ類をはじめとする魚類も著しく減少する[20]。

（3）草原

　牛馬の放牧や野焼きなどの利用がなくなれば、前述のように草原の多くは森林になってしまう。森林になると、そこで見られた生き物の多くも姿を消すであろう。そのダメージは森林生態系の最上位種であるイヌワシにも及ぶ。イヌワシは樹冠がうっぺいした森林では狩りができないからである。ノウサギを主食とするイヌワシは上空が開けた山間部の放牧採草地を格好の狩場としている。

　全国的にみてイヌワシの生息密度が高い岩手県の北上高地においても、採食環境として好まれる幼齢人工林や低木草地が減少している。それに加え、適齢伐期を迎えた人工林が放置されており、イヌワシの狩場環境と繁殖成功率は悪化の一途をたどっている[21]。

（4）生息分布が拡大する動物もいる

　農村の過疎化に伴って減少する生き物がいる一方で、ニホンザル、イノシシ、ニホンジカ、カラス類などの野生鳥獣の一部には分布拡大傾向がみられる[22]。その要因としては、管理放棄された田畑や雑木林が見通しのわるいやぶとなり、それらに格好の隠れ家を提供していること、狩猟者の減少や高齢化に伴い、狩猟による捕獲圧が低下し、適正な生息数調整が実施されなくなってきていることがあげられる。さらに近年の暖冬および少雪化傾向が、これらの動物の生息分布の拡大に貢献している。野生鳥獣の生息数の増加や生息分布の拡大は、それ自体わるいことではないが、健全な生態系の崩壊につながる特定種の急増や、農作物への被害が深刻化してきていることが大きな問題である。

4　地域固有の二次的自然の消滅はなぜいけないのか

（1）失われると取り返すことができない生物多様性

　地域固有の二次的自然の消滅は、包括的にみると、「生物多様性の低下」を意味する。「地域固有の二次的自然の消滅がなぜいけないのか」という問いに答える前に、生物多様性の特性について説明する。

　生物多様性は単なる種数の多さや、希少種や絶滅危惧種の多さで評価されるものではない。生物多様性を評価するときの重要な視点は、固有性とそれを生み出す歴史的価値である。固有性とは、その地域特有ということである。たとえば熱帯雨林とツンドラを比較して、熱帯雨林のほうがそこに生息生育する生

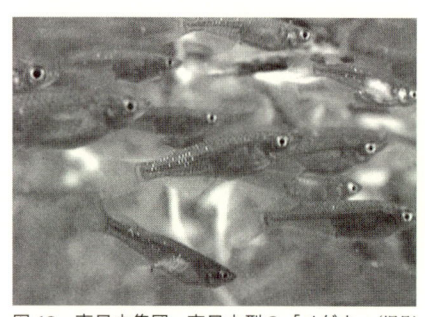

図13 南日本集団、東日本型の「メダカ」(撮影地：岩手県一関市川崎町)

物の種数が圧倒的に多いからといって、保全の価値がツンドラよりも高いとはいえない。なぜなら、どちらも地域特有の生態系であり、それぞれに固有の生物相を持っているからである[23]。

目に見えない固有性、遺伝子の固有性も見落としてはいけない。たとえばメダカは沖縄から青森まで広く分布し、日本人にもっとも身近な淡水魚である(図13)。日本に生息するメダカは青森県東部から日本海沿いに丹後半島東部まで分布している北日本集団と、それ以外の範囲に分布している南日本集団の2つの遺伝的集団に分類される。さらに南日本集団には、東日本型や琉球型など、9つのタイプがある[24]。一見同じようにみえるメダカも、地域ごとに固有性がある。

このような固有性は、歴史によって育まれるため、いったん失われると再び取り返すことは不可能である。つまり生物多様性は失われると取り返すことができないということである。地域に固有の歴史があれば、自然や生態系にも固有性が生まれ、その歴史が長くなれば、固有性も際立つ。各地域の種や生態系は、それぞれの地域の歴史をになった固有の遺産であり、かけがえのないものである[23]。

固有性を消失させる要因として、もっともわかりやすいものが外来種の移入であろう。それによって在来種が脅かされ、歴史的価値を担った固有性が破壊されるからである。外来種が蔓延してしまうと各地域の生態系が均一化してしまう。過疎化した農村では人の目がないのをいいことに、心ない釣り人がオオクチバスなどの外来魚をため池に密放流する行為があとをたたない。オオクチバスが優占したため池の生物相は非常に単純化し、地域の固有性は失われてしまう[25]。

(2) 地域固有の二次的自然の消滅はなぜいけないのか

これまで説明したように、農村の過疎化によって、地域固有の二次的自然は失われ、生物多様性も損なわれる。そして失われた生物多様性は取り返すこと

がむずかしい。とはいえ、「取り返すことができないから」だけでは、「なぜいけないのか」に対する答えとしては弱い。

　二次的自然の消滅は人にどのような影響を及ぼすだろうか。人は水、食料、医薬品、大気、気候の調整、精神的充足などの自然の恵みによって生活し、生産活動を行っている。このような人が生態系から提供されるあらゆる恩恵のことを「生態系サービス」といい、これなしでは人が地球上で生活していくことができない。生態系サービスの基盤は生物多様性である。地域固有の二次的自然の消滅、生物多様性の低下は生態系サービスの低下を意味する。もう少し具体的にみてみよう。

①品種改良や薬品開発が遅れる

　二次的自然から得られる遺伝子資源（生態系サービスのひとつ）の中には、食料や薬品の開発にとって、未知なる可能性を持つものが少なくない。遺伝子資源の減少は野菜の品種改良や薬品開発の遅れや停滞を意味する。

②精神面・教育などへのダメージ

　二次的自然における自然的・文化的景観は、人々に精神的な充足や、教育・レクリエーションの機会を提供している[*26]。そのような生態系サービスも享受できなくなる。

③土砂崩れが発生しやすくなる

　たとえば雑木林の場合、枝払いや落ち葉かきなどの管理がなくなると、地表はササやタケ類で覆われてしまう。管理放棄された竹林では人が入れないほど竹が密生し、竹以外の植物はほとんど消えてしまう。竹は地下茎を密に張り巡らすが、根が深さ40〜50cm程度と浅い。そのために集中豪雨などで土壌浸食が発生すると、地下茎の層がシート状に滑り落ちる大規模な土砂崩れを引き起こす[*27,28]。また放棄された人工林や、耕作放棄地の法面の土砂も流出しやすいといわれている（人工林については**6・4**を、耕作放棄地については**6・2**を参照）。

④河川の流量が安定しなくなる・水質がわるくなる

　森の地表付近の土壌はダムのように水をためることができるといわれている。雨水などを一時貯留し、下流にゆっくりと流している（河川の流量が安定する）。その過程で水質も浄化される。ところが土砂崩れなどで、草木や土壌が失われると、降った雨が濁流となって一気に流れる。低平地では洪水の危険性が高ま

り、海では磯焼け（海藻類が枯れる現象）が生じ、漁業被害を引き起こすことになる。水田も適正に管理されていれば、流量の安定や水質の浄化に貢献するが、放棄されると、そのような機能は低下する。

(3) ダメージは国全体へ

　ここまでお読みになった方は、すぐに気がつくと思うが、二次的自然の消滅のダメージは、過疎集落だけにとどまるものではない。その多くは国全体におよぶ。「品種改良や薬品開発が遅れる」「河川の流量が安定しなくなる・水質がわるくなる」「精神面・教育などへのダメージ」は、過疎集落よりもむしろ、下流の都市部への影響のほうが大きいかもしれない。

　さらに、わが国は自国でまかなえない生態系サービスの多くを海外から輸入している。過度な生態系サービスの輸出入は、各国の生態系の均衡を崩すこととなり、持続可能な生態系の利用を困難にしていくだろう。

（東　淳樹）

2・4 誰も望まない「消極的な撤退」

1　「消極的な撤退」とは

　少しふりかえっておこう。1・1 では、過疎集落の「風景」を糸口に、その問題の一部、すなわち廃屋の無残な姿、ゴミ投棄問題、耕作放棄地、獣害の脅威、荒れた人工林（土砂の流出）、所有者不明の土地などについて説明した。土砂の流出を考えると、下流の住民にとっても、よそ事ではない。

　1・2 では生活交通に注目した。現時点で、ほんとうに困っている高齢者（マイカーが利用できず、なおかつ通院などの頻度が高い人）は、意外と少数派であるが、試練はこれからであることを説明した。ただし明るい兆しもある。それについても紹介した。

　1・3 では、生活交通の漠然とした不安、風前の灯火となった地縁、危機的な

住民共同活動などについて説明した。そして過疎集落に残っている高齢者には、①この先も定住が可能、②定住は不可能になるが、介護施設や息子の家などに移住可能、③定住も移住も不可能、の3つの立場があることを述べ、③のような弱い立場にある人が置き去りにされることがあってはならないと強調した。

第1章の対象は過疎集落やその近辺だけであった。では遠く離れた都市は無関係なのか。答えは「ノー」である。第2章では国全体にデメリットがおよぶことを説明した。2・1では京都府の中山間地域を例に、消滅が危惧される集落の数、消滅が危惧される田畑の面積について述べた。田畑が消滅すれば、遠く離れた都市の住民が口にできる食料も減る。

2・2では、山野の恵みを持続的に利用する技術、その地の気候風土に適した農法が失われることに注目した。石油や食料の大量輸入に依存した社会から脱却するとき、これは大きな問題になると述べたうえで、そのような技術の一例として、「焼き畑」を紹介した。焼き畑はきわめて合理的な農法であり、その効果は遠く海にまでおよぶことを説明した。

2・3では、二次的自然とそこで暮らす多くの生き物たちに注目した。過疎集落が消滅すると、二次的自然も失われ、生態系サービスが低下すること、都市への影響も大きいことを説明した。品種改良や薬品開発が遅れること、河川の流量が安定しなくなること、水質がわるくなることなどについて触れた。

ここまで述べたことは、望ましくないこと、そうなってほしくないことがほとんどである。わたしたちは、これらを「消極的な撤退」と呼んでいる。「消極的な撤退」を望む人は誰もいない。「撤退の農村計画」という看板はかかげているが、わたしたちも「消極的な撤退」は望んでいない。この点は強調しておきたい。

2　財政の悪化が「消極的な撤退」を加速

ここでは財政の問題も取り上げておきたい。財政の悪化もじわりじわりと全体的に「消極的な撤退」を加速させる。「コンクリートから人へ」といわれているが、コンクリートであれ人であれ、膨大な税金をつぎ込むような対策は不可能になるであろう。

財政の悪化の背景には国全体の人口の減少がある。我が国は人口増加時代か

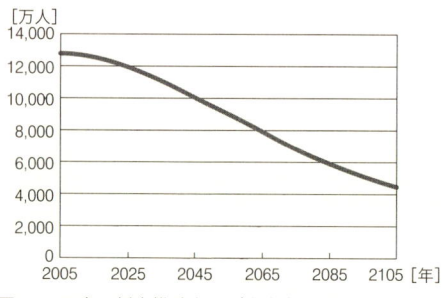

図14　日本の将来推計人口（出生中位・死亡中位）
(出典：国立社会保障・人口問題研究所『日本の将来推計人口
（平成18年12月推計）』厚生統計協会、2007)

ら人口減少時代に突入した。図14は、日本の将来推計人口である（出生中位・死亡中位）。にわかには想像しがたいことであろうが、2009年に生まれた子どもたちが後期高齢者になるころ（2084年）には、6,000万人をきる。何と、2005年の半数以下である。農村部の人口もかなり減少するであろう。

　これが何を意味するのか。「農村部はずっと前から人口減少時代。特に新しいことではない」といいたくもなる。しかし、それは大きな誤解である。国全体の人口減少は、農村部にも深刻なダメージをもたらす。国全体の人口減少により、国の税収に余裕がなくなり、その結果、国から（過疎集落をかかえる）市町村などへの手厚い経済的支援が不可能になる[*29]。

　もちろん市町村などの人口減少そのものも住民税の減少という形でダメージをもたらす。たとえば石川県の旧M町の場合、2000年の人口を100として、2030年の人口は、43.3になる[*30]。半数以下である。2030年といえば、約20年後であり、現在、55歳の人が後期高齢者になるころである。

　また人口が減少しても、全体的にみれば居住空間は広い範囲に散らばったままである。公共サービスの効率はわるい。「公共サービスに効率の視点は無用」という意見もあるかもしれないが、これが財政難に拍車をかけていることは事実である。

3　借金は増やしたくない

　そうなると、「国がもっと借金（国債）をしてなんとか」といいたくなるかもしれない。しかし、これもむずかしい。わが国の財政を家計にたとえると、月

収40万円（ボーナス込み）に対して、1か月の借金が約28万円、ローン残高が約5,300万円になる[*31]。実は、この話も少し古い。2010年度の新規国債発行額が空前の規模になるというニュースは記憶に新しい。借金の支払いは次世代にもおよぶであろう。しかも現在よりもはるかに少ない人数で返済にあたることになる。将来世代のためにも、借金はなるべく増やしたくない。

お金がない。これは「過疎集落の多面的機能に対する国民の認識が低い」といった問題ではない。「無い袖は振れぬ」である。どれだけ「農村は大切だ」と叫び続けても、この状況はほとんどかわらない。

4 目に見えにくいサービスの維持も難しくなる

財政が悪化すると、目に見えにくいサービスの維持も難しくなる。もっともわかりやすい例が道路などのインフラの維持であろう。市町村道の年間維持管理費は、除雪、防雪などの雪寒費ありの場合、1kmあたり90万円（1mあたり900円）、雪寒費なしでも1kmあたり50万円である[*32]。最悪の場合、空気のようにあって当然であったものが、なくなってしまう。万が一、そうなれば村づくりは格段に厳しくなる。それどころか半ば強制的な移住、ハードランディングにつながる危険性もある。「生活の心配がないところへの移住が不可能な高齢者」は、いったいどうすればよいのか。まさに最悪の事態である。

「人口が減少すれば必要なインフラも減少する。問題はない」といった意見もあるかもしれない。しかし何の規制や誘導もなく、なりゆきにまかせた場合、一帯が完全に無人化するまで、非常に長い年数がかかる。たとえば、50代の女

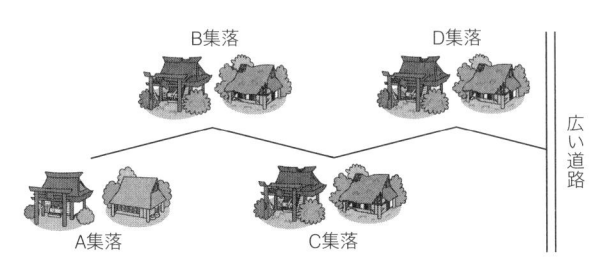

たとえば、B・C・Dの集落が完全に無人化しても、A集落に一人でもいれば、道路などの撤収はできない。

図15 道路などはなかなか撤収できない

性がいたら、30年は無人化しないであろう。その間、特に道路などは、どれだけ利用が少なくても撤収はできない（図15）。

話が少しそれるが、そもそも、「道路の撤収」自体に反対する人もいる。「いつか使うかもしれない」など、理由はいろいろであろう。しかし、それは無茶な話である。単純に考えてみよう。国全体の人口が半分になったときに、道路がそのままであれば、一人あたりの維持費は2倍（近く）になってしまう。大増税は不可避である。あるいは公債の乱発か。いずれにしてもあまり現実的ではない。

5　基準の切り替えが不可欠

局地的な成功事例もあるが、過疎集落の状況は全体としては悪化している（「消極的な撤退」が進行）。この傾向はちょっとやそっとでは変わらない。なにはさておき、わたしたちは高度成長の時代に染みついた「右肩上がり」の考え方を捨てなければならない。

図16をみてほしい。高度成長の時代は、何事も「活力がアップすること」が「ふつう（基準）」であった。「村づくり」の評価も同様である。①なら成功、②なら「取り残された」、③や④なら「大失敗」と評価された。高度成長はだいぶ前に終わったが、いまだにこの考え方は根強く残っている。

一方、現状は図17である。今は活力が少しずつ失われることが「ふつう（基準）」という時代である。これは一概にわるいこととはいえない。たとえば社会をひとつの家族に置き換えて考えればわかりやすい。子どもがいる家族は、に

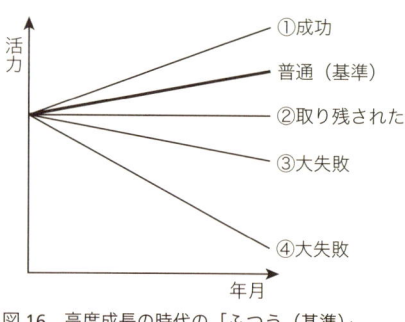

図16　高度成長の時代の「ふつう（基準）」　　図17　現状の「ふつう（基準）」

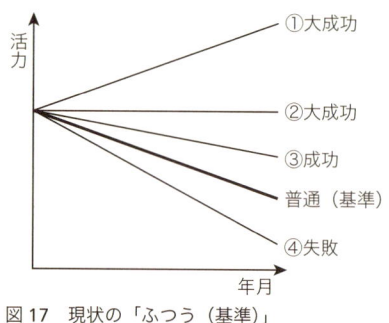

ぎやかで支出も多いが、大人になって出て行けば、家は静かになり、支出も減少する。これをわるいととらえる人はいない。

　さすがに④まで落ちれば失敗であるが、①や②なら大成功、③も成功である。同じ状態でも基準が違えば評価も変わる。なお過疎集落に限れば、①はほとんど非現実的であり、②でもかなりむずかしい（第3章で説明）。農村の「過去」を考えることはさておき、「これから」を考えるときは、意識して考え方を図17のほうに切り替えてほしい。

（林　直樹）

第 **3** 章

すべてを守りきることができるか

空き屋の利用も簡単ではない。農村移住ですべてを守りきることができるか（撮影：西村俊昭）

3・1
若い世帯の農村移住は簡単ではない

1　若い世帯の農村移住はどうか

　これまでに説明した「消極的な撤退」への対策として、はじめに思いつくものは、都市部、特に過密地域からの「若い世帯の農村移住」であろう。過疎集落に住む人は移住せずに、都市部に住む人に移住してもらうということである。「若い世帯の農村移住」は、かなり効果的である。共同研究会「撤退の農村計画」は、それを否定していない。ただし、それで人口が維持できる過疎集落は、非常に少数にとどまるといわざるをえない。ここでは、「若い世帯の農村移住」が簡単ではないことを、2008年4月に都市部から農村へ空き家を借りて移住した著者の経験もまじえ説明する。

2　若い世帯の農村移住希望者

　都市部に住む若い人のうち農村に移住してみたい人はどれくらいの割合でいるのだろうか。「都市と農山漁村の共生・対流に関する世論調査」[*1]によると、農山漁村に移住してみたい20歳代の割合は8.1%、30歳代は5.0%という結果であった（図1）。

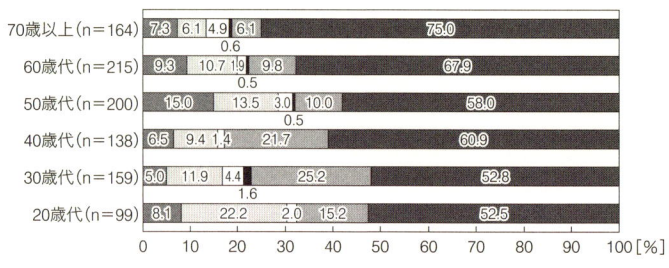

図1　農山漁村地域への定住願望　（出典：内閣府「都市と農山漁村の共生・対流に関する世論調査」2005年度）

実際に周辺条件が整い本当に移住を実行に移す人は、このうちわずかかもしれないが、過疎集落にとっては相当の人数となる可能性もある。

3　過疎集落の空き家の状況

過疎集落に赴くと空き家が目につく（図2）。この空き家を利用しない手はないであろう。

居住地となりうる空き家が、実際どのくらい存在するのだろうか。ある調査によれば、地方における空き家は、1980年130万戸（空き家率7％）、2000年300万戸（空き家率11％）で、さらに2020年には460万戸（空き家率18％）になると報告されている[*2]。これから察するに地方にはおおむね5戸から10戸に1戸の割合で空き家が存在し、過疎集落ではさらにこれ以上の割合で空き家が存在すると思われる。背後に南アルプスが連なる山梨県早川町のように全町1,100戸の約4割が空き家という自治体もある[*3]。

著者も移住地候補のひとつとしていた地区を最初に見て回った際、移転してもよさそうな空き家が数件すぐに目に入り、簡単に移住先が見つかると思ったものである。

4　住居となる空き家を探すには

農村に移住したい若い人もいる、住居となりそうな空き家もある。それでは次に住居となる空き家をどのように探すかである。都市部なら宅地建物取引業者（いわゆる不動産業者）を訪ね条件に合う物件の情報を探す。しかし農村集

図2　著者が移住地候補として見て回った地区の空き家

落内の不動産物件を取り扱う業者は少なく、これまでは地縁による紹介程度にとどまっていた。

　このような状況を打破し、空き家を活用して移住者を受け入れ地域を活性化しようと、空き家情報をネットで紹介する「空き家バンク」が各地で広がっている。実施団体数はインターネット上で確認したものだけでも全国で170団体が存在しており、その約9割が地方自治体による運営である[*4]。

　一般的な空き家バンクのシステムは図3のとおりである。実際に移住者からみたバンクの活用を紹介する。まず、移住候補地に関係するバンクのwebサイトから空き家情報（住所、面積、間取り、写真など）を閲覧する。希望する空き家を見つけた場合は、バンクに登録して、担当者に希望する空き家の問い合わせを行う。まず登録しないと情報の閲覧ができないサイトもある。これを受け、バンクが空き家の所有者に連絡して双方を引き合わせてくれる。バンクの仕事はこのマッチングまでで、その後は交渉・契約は当事者同士で行うか、不動産業者に委託する。

　ちなみに、著者が移住候補地としたところには空き家バンクがなく、不動産業者と知人の地縁に頼った借家探しであった。候補地付近の都市部の不動産業者数社に出向いて情報収集した際には、「農村地域の物件は年に1、2件あるかないかで、そのような物件が出てきましたらまた連絡します」という回答で、農村地域の空き家物件が不動産市場に流通していないのを実感した。

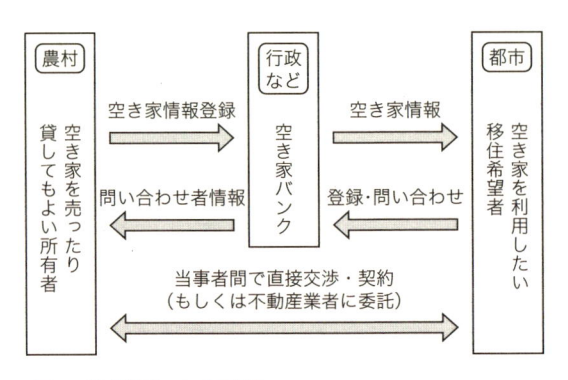

図3　空き家バンクの仕組み

5　空き家の活用はなかなか進まない

　空き家バンクは、まだまだ手探り状態である。空き家バンクの web サイトを見ると掲載されている物件数が少ないことに気づくはずである。

　活用が進まない主な要因として、①空き家の所有者自身による盆正月、法事、家族の帰省時における利用、②仏壇・位牌の安置、家具の保管等により、持家の貸し出しに消極的、③空き家の老朽化の進行と設備更新の必要性から貸し出し可能な状態にするのは高額な改修費用が必要、④所有者と入居者の信頼関係の構築が困難というようなことが指摘されている[*5]。

　著者の場合は、まず、知人があらかじめピックアップした空き家を20軒ほど見て回り、住んでもよいと思える空き家を知人に連絡した。その後、知人を通じて空き家の所有者に貸し出しが可能か確認してもらった。賃貸を希望していたため外観から改修が不要そうな物件を7軒ほど希望したがすべて断られた。「集落の行事には参加するためその時に利用する」「墓参りの際に利用する」「仏壇があり移動が困難」「母が福祉施設に入所しているが戻ってくるかもしれない」といった先に述べた理由であった。

　このように人がすぐにでも住めそうな空き家は、年に数回の利用や、適宜風を入れた結果、維持できているとはじめて認識した。また、このように長年一時利用しているうちに家が徐々に傷み、最終的には大改修しないと人が住めない状況となるのだろうと感じた。

　以上のことから、空き家は多数存在するものの、実際に利用できる物件は極めて少ないのである。さらに各地に空き家バンクが広がり、地方間の移住者獲得競争が激化している[*3]。空き家バンクにとっては、まさに板挟み状態である。

6　集落ルールの把握もむずかしい

　農村移住を検討する際、居住地や周辺の生活環境に注目されがちであるが、集落のルールに従い集落に上手く溶け込めるかということも重要である。

　農村集落では住民が相互扶助で生活環境を守ってきた。このため、慣習、役務、行事、賦役、組費など集落ごとにルールがある。都市部とは違い農村に移住し暮らすということは、これらのルールに従い上手く集落に溶け込むという

ことである。しかし、移住先のルールに関する情報は明らかに欠落し、これが「上手く集落に溶け込めるか」という不安や恐れにつながり、移住の足かせになっていることも多いのではなかろうか。これについては仕組みづくりにより改善の余地は大きいと思うが、簡単に仕組みが構築できるものでもない。

著者の場合は、幸運にも不動産業者の仲介で農村の借家物件にめぐりあえた。このため、都市部では考えられないが、大家を通してある程度の集落のルールを学んだ。また、隣人のほかにも区長、組長、隣接農地の所有者へ引越しのあいさつも同行していただき、スムーズに集落に入れるような環境を整えた。

7 学校や小児科・産婦人科の減少

空き家の活用や集落ルールの把握については、若い世帯に限ったことではない。では、移住について若い世帯に特有の障壁は何か。それは子どもに関係するもの、学校や小児科、産婦人科（産科含む）の不足であろう。しかも、その障壁はどんどん高くなっている。

近年、公立学校は全国で毎年400校以上が廃校となり、1998年から2007年の10年間で3,639校が廃校となっている[*6]（図4）。

小児科や産婦人科を標ぼうする病院も、ピークだった1990年と2006年を比べると、小児科21.6％減、産婦人科32.2％減となり、歯止めがかからない状況である[*7]（図5）。

小学生の子どもを持つ著者が、移住地探しの重要なポイントのひとつとして

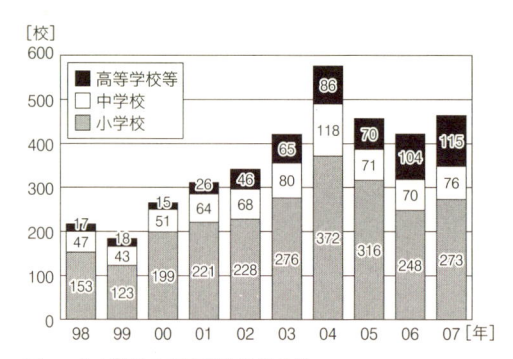

図4　公立学校の年度別廃校発生数
（出典：文部科学省「余裕教室・廃校施設の有効利用」2008）

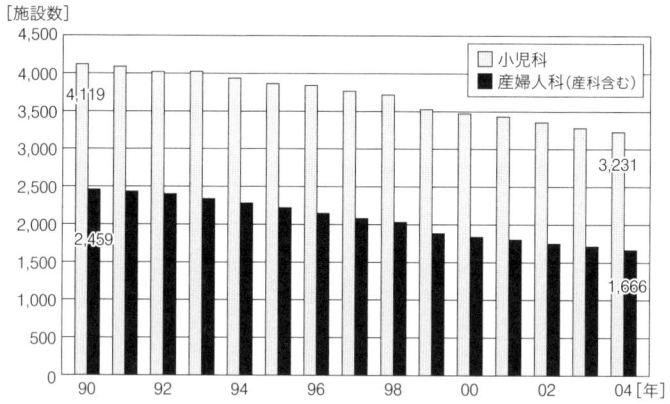

図5 小児科・産婦人科（産科含む）を標ぼうする一般病院の年次推移（各年10月1日現在）（出典：厚生労働省「医療施設（動態）調査・病院報告の概況」2004）

いたものに、子どもが今後通うことになる学校の場所や距離、病院までの車での移動時間があった。特に移住地を探していた時期、小学生の児童が通学途中に連れ去られる事件が発生していたこともあり、妻が子どもの通学路を大変気にしていたことが思い出される。

8 若い世帯の農村移住の限界

空き家の活用（空き家バンク）や集落ルールの把握については、これから改善する可能性もある。とはいえ、学校や小児科・産婦人科については、さらに悪化する可能性のほうが高い。

「若い世帯の農村移住」は、ますますむずかしくなるであろう。大幅に増えるとは考えにくい。「若い世帯の農村移住」は、局地的な戦術としては効果的であろうが、それによって人口が維持できる過疎集落は、非常に少数にとどまると思われる。

(西村　俊昭)

3・2
定年帰農とその限界

1　定年帰農はどうか

3・1では「若い世帯の農村移住」がむずかしくなることを説明した。では、定年後に農村に移住して農業に従事する「定年帰農」はどうか。移住の障壁はあるが、若い世帯のそれよりはずいぶん低い。理由は2つある。第一に子ども関連の施設（学校など）の不足が問題にならない。第二に通勤についての心配がないことである。

本節では定年後の農村移住の現実、定年帰農の現実、限界などについて説明する。定年帰農は「消極的な撤退」への対策としては、あまりに非力であるといわざるをえない。ただし定年帰農そのものを否定するつもりはまったくない。定年帰農には、「いきがいになる」「本人の健康増進」など、いろいろな効果もある。

2　定年後の農村移住の現実

石川県を例に定年後の農村移住の現実をみてみよう（農業に従事するかどうかは問わない）。ここでは、2005年の人口集中地区の面積が1％未満の市町村をひとまとめにして「農村部」、それ以外を「都市部」とする（「平成17年国

表1　石川県における2000年から2005年の定年前後の純移動数

[人]

期首 2000 年→期末 2005 年 （性別）	都市部		農村部	
	期首人口	純移動数	期首人口	純移動数
55～59歳→60～64歳（男性）	32,661	+381	6,483	+156
55～59歳→60～64歳（女性）	33,560	+341	7,039	+73
60～64歳→65～69歳（男性）	25,186	+436	6,232	+107
60～64歳→65～69歳（女性）	27,830	+158	7,179	+80
合　計	119,237	+1,316	26,933	+416

＊純移動数は国勢調査と生命表から計算

勢調査」より)。ある期間について、転入数(人)から転出数(人)を引いたものを「純移動数」という。石川県の都市部、農村部について、2000年(期首)から2005年の定年前後世代の純移動数を計算した[*8](表1)。純移動数はいずれもプラス、転入超過である。

この人数を多いとみるか、少ないとみるかは意見がわかれるところであろう。農村部の場合、期首の人口(55〜64歳)26,933人に対し、純移動数は416人である(5年間)。これは「(55〜64歳が)64.7人いて、やっと1人プラス」という割合であり、夫婦セットなら、「(55〜64歳が)129.4人いて、やっと1組(2人)プラス」である。55〜64歳が数人しかいない小さな集落の場合、定年後の移住による人口増加はあまり期待できない。ただし農村移住そのものを否定するつもりはない。小さな集落の人口増加という面でみた場合に、あまり期待はできないだけである。

3　定年帰農の現実

単なる農村移住でもあまり期待できない状況では、「農村移住＋農業に従事」という定年帰農はもっと厳しい。「消極的な撤退」への対策としては、あまりに非力であるといわざるをえない。全国的にも、1995年から2000年をみるかぎり、「55〜59歳→60〜64歳」「60〜64歳→65〜69歳」において、農業従事者はわずかに減少している[*9]。農業を始める人より、やめる人のほうが多いということである。

4　定年帰農の壁と限界

定年後の農村移住、定年帰農の「現実」は厳しいが、「今後」については何ともいえない。価値観の変化のなかで定年帰農が大きな流れとなる可能性もある。ただし、そうなったとしても定年帰農にはいくつかの壁と限界がある。

(1) 資金の壁—「誰でも気楽に」という金額ではない

農業は家庭菜園とは違う。定年帰農向けの小規模な農業でも、それなりの資金が必要である。トラクターやビニールハウスといった主要資本装備だけでもかなりの金額になる(表2)。十分な退職金があれば、問題にはならないかもしれないが、「誰でも気楽に」という金額ではない。

表2　岡山の定年帰農者等経営モデル・生活ゆとり農業型の主要資本装備価格

栽培品目	所得目標 [万円]	主要資本装備価格 [万円]
黒大豆複合経営	78.8	200
もも専作経営	95.5	400
ぶどう専作経営	80.7	490
いちじく複合経営	98.6	440
アスパラガス複合経営	61.5	160
有機野菜経営	110.7	630
小ぎく複合経営	60.9	130
りんどう複合経営	62.8	100

出典：岡山県・岡山県農林漁業担い手育成財団・岡山県農業会議・岡山県担い手対策推進本部・岡山県担い手育成総合支援協議会『定年帰農ガイドブック』

表3　農業機械作業に係る死亡事故の原因別件数

事故発生原因	件
機械の転落・転倒	137
道路上での自動車との衝突	12
挟まれ	20
ひかれ	14
回転部等への巻き込まれ	29
機械からの転落	21
その他	26
合計	259

出典：農林水産省「平成19年に発生した農作業死亡事故の概要」2009

(2) 年齢の壁―農業に従事できる期間はおそらく短い

　農業は3年や5年で習得できるものではないという。60歳や65歳で農業を始めると、習得できた頃には70歳以上になっている可能性もある。だらだらしていると、「習得直後にリタイア」となる危険性がある。

(3) 安全の壁―高齢者の農作業には危険が伴う

　農業にはなにかと危険が伴う。2007年の農作業死亡事故件数は397件であった（農業機械作業に係る事故が259件、農業用施設作業に係る事故が21件、農業機械・施設以外の作業に係る事故が117件）[*10]。表3は農業機械作業に係る死亡事故の原因別件数である。不安をあおるつもりはないが、自然相手に機械を使うとなれば、どうしても危険が伴う。

　図6は2000年の農業従事者数10万人あたりの死亡事故件数である。40～49

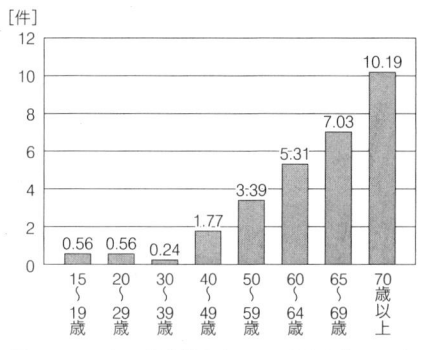

図6 2000年の農業従事者10万人あたりの死亡事故件数
(出典:農林水産省「平成16年における農作業事故発生の概要」2006、「2000年世界農林業センサス」より作成)

歳と比較すると、70歳以上の事故件数は5.8倍である。高齢者の農業には危険が伴う。農業初心者に限定すれば、事故の危険性は、おそらくもっと高くなるであろう。短期間のうちに、安全に農業が習得できる人は意外に少ないのではないか。

(4) 長期的には人口減少——財政的な問題

　新規定年帰農者が農業を習得できるかどうかは、指導する側の地元農業者(既存の農業者)の力にかかっている。一人の指導者が何十人も担当することは、あまり現実的ではない。すでに説明したように農業には危険が伴う。手取り足取り一対一の指導か、それに近い形がベストであろう。そのほうが習得も早い。だらだらしていると、「習得直後にリタイア」となってしまう。また指導される側の気持ちを考えると、指導者は年下より同世代のほうが望ましいであろう。

　では、指導者側の都合（キャパシティー）に合わせて、新規定年帰農者を受け入れた場合、地域の人口や高齢者率はどのように変化するのか。定年帰農を取り入れた場合の人口推計[*11]を紹介しよう（詳しくは注を参照）。対象は山が多く、平地が少ない京都府旧M町である。①指導者は同世代の地元農業者とする。②受け入れ比（新規定年帰農者÷指導者）は、「0.5（帰農者1人に指導者2人）、1.0（1人に1人）、1.5（3人に2人）、2.0（2人に1人）」の4パターンとする。

　図7は2000年を1としたときの旧M町の人口であり、「帰農なし」は定年帰

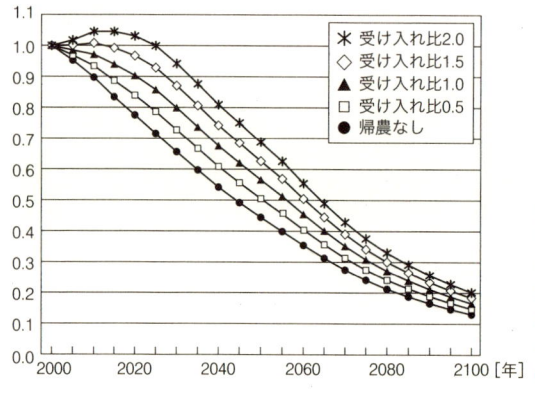

図7 2000年を1としたときの旧M町の人口
(出典：齋藤晋・林直樹「定年帰農を取り入れた将来人口推計―京都府旧M町を事例として」『第64回研究発表会要旨集・農業農村工学会京都支部』pp.148-149、2007 より作成)

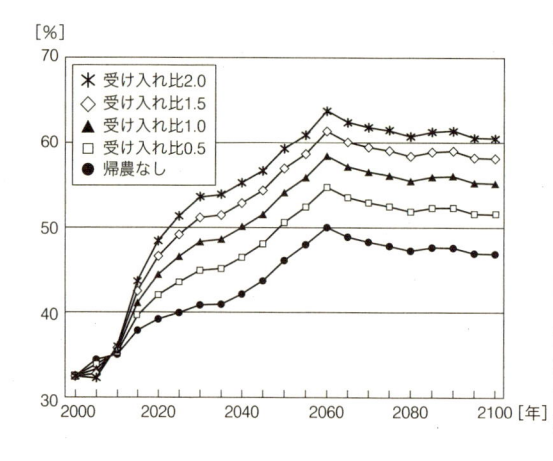

図8 旧M町の高齢者率
(出典：齋藤晋・林直樹「定年帰農を取り入れた将来人口推計―京都府旧M町を事例として」『第64回研究発表会要旨集・農業農村工学会京都支部』pp.148-149、2007 より作成)

農がない場合の人口、それ以外は受け入れ比別の人口である。長期的にはいずれの場合も人口は減少する。ただし、「効果がない」ということではない。たとえば人口が0.7を切る時期をみてみよう。「帰農なし」と「受け入れ比2.0」では、20年程度の差がある。

　図8は旧M町の高齢者率である。受け入れ比が高いと、高齢者率は高い値で安定する。医療体制の整備やバリアフリーが求められる。財政的にはハードルが高い。

5　定年帰農は「消極的な撤退」の対策としては非力

　定年後の農村移住の現実、定年帰農の現実は厳しい。今後についても資金の

壁、年齢の壁、安全の壁があり、大きく伸びる可能性はあまり高くないと考えている。また仮にうまくいったとしても、長期的には人口は減少する（指導者側の都合に合わせて、新規定年帰農者を受け入れた場合）。よって、定年帰農は「消極的な撤退」への対策としては、非力であるといわざるをえない。

（林　直樹）

3・3 二地域居住の限界

1　二地域居住はどうか

では完全な移住ではなく、たとえば平日は都市部に住み、土日は農村部に住むという「二地域居住」はどうか。国土形成計画（全国計画）にも、二地域居住についての記述が見られ、期待も高まる。しかし長期的に考えると、「すべての過疎集落の人口をもれなく維持する」ことはできない。ここでは二地域居住の限界について説明する。ただし、そのねらいは二地域居住という戦術そのものを否定することではない。二地域居住は、局地的な戦術としては効果的であるが、「全体を救うものとはなりえない」と主張したいのである。

2　二地域居住の限界

実際にどれぐらいの住民が二地域居住を実践しているのだろうか。「都市と農山漁村の共生・対流に関する世論調査」[*1]によると、都市地域（「どちらかというと」も含む）の住民で、二地域居住を実践している人の割合は、0.8％であり、非常に少ないといわざるをえない。

この先、二地域居住を実践する人が大幅に伸びるとも思えない。そもそも、農村部の「もうひとつの家」を維持するために、一体どのぐらいのお金が必要か想像してほしい。賃貸であれば毎月の家賃がかかる。新築や中古購入であれば家屋の修繕費がかかる（あまり住まない家は傷みやすい）。それだけではない。

電話やインターネットの代金などもある。毎週、都市部と農村部を往復することになれば、自家用車の燃料代も大変なことになる。二地域居住の実践には、所得のゆとりが必要である。

図9は、「平成19年国民生活基礎調査」の生活意識の状況である。ゆとりがある世帯（「ややゆとりがある」＋「大変ゆとりがある」）は5.1％とわずかである。二地域居住を実践する人がどれだけ伸びたとしても、5％前後が限界ではないか。

京都府を対象として、二地域居住の限界を調べてみよう[*12]。ただし他の都道府県にまたがる二地域居住はないと仮定する。農村部と都市部があまりに離れていると頻繁に往復できないからである。さらに特定の集落に二地域居住の住民が集中することもないとする。

ここでは2005年の人口集中地区の面積が1％未満の市町村をひとまとめにして「農村部」、それ以外を「都市部」とする。そして「農村部」と「都市部」のそれぞれについて、2010年～2100年の人口をコーホート変化率法で求める[*13]。その結果が図10と図11である（2005年は実際の人口）。図10と図11では、縦軸の目盛りのとり方が違うことに注意してほしい。

図9　生活意識別世帯数の構成割合
（出典：厚生労働省「平成19年国民生活基礎調査」2008）

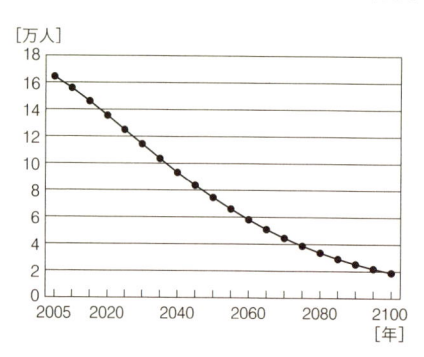

図10　京都府の「農村部」の人口（2005年は実際の人口）

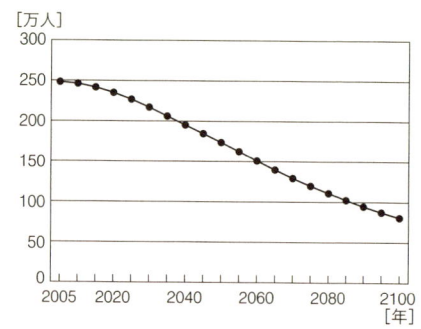

図11　京都府の「都市部」の人口（2005年は実際の人口）

二地域居住によって、「農村部」の人口を2005年の実際の人口（164,376人）で維持するとしよう。ある年の「不足分」は、164,376人から、その年の「農村部」の人口を引いた値となる。一方、「農村部」での「二地域居住による人口増加分（最大）」は、「都市部」の人口の5％と仮定する（かなり楽観的な値）。図12をみてほしい。2050年には、「二地域居住による人口増加（最大）」が（「農村部」の人口の）「不足分」を下回ってしまう。つまり、それ以降、二地域居住では人口を維持できない「農村部」の集落が出現するということである。もちろん、その中には過疎集落も含まれるであろう。過疎集落の場合、現在の人口を少しでも下回ると存続はおぼつかない。さらに2075年には、「不足分」の半数さえも下回る。

　ところで、「農村部」での「二地域居住による人口増加分（最大）」を「都市部」の人口の5％ではなく、1％や3％にするとどうなるか。表4は、「二地域居住による人口増加（最大）」が、（「農村部」の人口の）「不足分」を下回る時期、および、「不足分」の半数を下回る時期である。

　前述のように、二地域居住を実践している人の割合は、0.8％である。これを参考にするなら、1％が最も妥当かもしれない。そうなると、「不足分」を下回

図12　京都府の二地域居住の限界

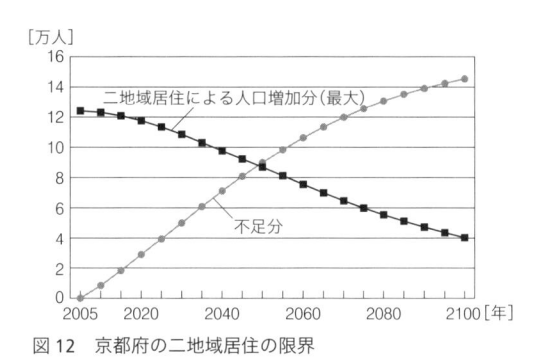

表4　二地域居住の限界

二地域居住による 人口増加分（最大）	「不足分」を 下回る時期	「不足分」の半数を 下回る時期
「都市部」の人口の1％	2020年	2030年
「都市部」の人口の2％	2030年	2045年
「都市部」の人口の3％	2040年	2055年
「都市部」の人口の4％	2045年	2065年

る時期は、2020年であり、あと約10年しかない。2030年には、「不足分」の半数さえも下回る。

3　二地域居住の問題

　京都府を例に二地域居住の限界について説明した。特定の集落に二地域居住の住民が集中しないようにすることは、かなりむずかしいであろうが、順調に進めば、10年、20年先までは何とかなるかもしれない。

　ただし二地域居住には、大きく2つの問題がある。第一は地球温暖化の問題である。二酸化炭素と地球温暖化の関係については意見が分かれているようであるが、自動車は大量の二酸化炭素を出し、地球温暖化を加速する可能性がある。毎週、都市部と農村部を往復するような生活スタイルが望ましいとは思えない。第二は税金の問題である。現状では、二地域居住の住民が農村部と都市部の両方に市町村民税を支払うことはない。税金を受け取ることができない側（市町村）にとって、二地域居住は必ずしも望ましいとはいえない。

4　すべてを守りきることができるか

　都市でさえも人口が減少する時代にあっては、二地域居住にも限界がある。若い世帯の農村移住（3・1）、定年帰農（3・2）にも限界がある。ただし、これらが過疎集落の衰退を食い止める「正攻法」であることに変わりはない。正攻法で人口が維持できる集落は、当然、それを採用すべきである。

　とはいえ、財政の悪化なども考慮すると、正攻法ですべてを守りきることはおそらくむずかしい。長期的に考えれば、守ることができないところのほうが多数派になるであろう。そのような集落は、このまま無人になる日を待つしかないのか。

　仮に集落が無人になっても、多くの問題が残る。廃屋やゴミの撤去はむずかしいかもしれない。耕作放棄地や荒れた人工林もそのままであろう。ところどころに土砂災害の爪痕が見られるかもしれない。全員が息子・娘の家へ、あるいは施設へとばらばらになり、どこを探しても集落の共同体は見つからない。「地縁がつくる安心感」もない（1・3参照）。正攻法はそのままでよいとしても、次善策も必要であろう。

5　発想を切り替える

　ともすれば、我々はすぐに犯人探しに走ってしまう。「過疎集落の住民がわるいとでもいうのか」「JAがわるいのか」「市町村の役人か」「国・農林水産省の失敗ではないか」「研究者は一体何をやっていたのか」など。しかし、そこからは何も生まれない。

　我々は発想を切り替える時期に来ているのではないか。むろん集落の消滅を望む人はいない。何はさておき存続の道を探る。これはかわらない。ただし、不利な条件が重なると、どれだけがんばっても、集落が衰退し、消滅することはある。この事実は受け入れるべきであろう。「集落の衰退はあってはならない。あってはならないから考えない。いや考えてはいけない」では困る。

　八方ふさがりに見えるかもしれないが、いろいろな「常識」を一度はずしてみると、実はいろいろな選択肢があることに気づく。たとえば、これまでは平場の住民が山あいの過疎集落へ移住することしか考えなかった。逆に山あいの過疎集落の住民が自らの意思で計画的に平場へ移住することも考えてはどうか。第4章からは、このような自由な発想にもとづく、新しい戦略を提示する。

　　　　　　　　　　　　　　　　　　　　　　　　　　　（林　直樹）

第 **4** 章

積極的な撤退と集落移転

集落移転先の団地。集落移転は決して
最悪の選択肢ではない（撮影：齋藤晋）

4・1
積極的な撤退の基礎

1　積極的な撤退の時間・空間スケール

　財政の悪化にともなって、最近、「過疎集落の住民は問答無用で都市に移転させるべきだ」「何もかも自然に戻せ」「何もせず、このまま消滅させるべき」といった声を聞くようになった。財政の悪化は事実としても、このような乱暴な撤退・消滅案には断固反対である。一方で、従来型の「すべての過疎集落を維持すべき」「衰退はありえない」にも賛同できない。発想の原点はまったくちがうが、このような考え方は、大多数の過疎集落に「何もせず、このまま消滅させるべき」と同じような結果をもたらす可能性が高い（**3・3**参照）。では、その中間はないのか。「未来にむけての選択的な撤退」の道はないのか。「進むべきは進む。一方、引くべきは少し引いて確実に守る」という道はないのか。それが共同研究会「撤退の農村計画」がかかげる「積極的な撤退」という戦略である。むろん第1章と第2章で説明した「消極的な撤退」をこのまま加速させるべきという話ではない。確固たる将来像もなく、なりゆきまかせで、ずるずると撤退することではない。

　「積極的な撤退」の時間スケールは最低でも30年～50年。空間スケールは最低でもひとつの市町村である。ただし行政界にこだわる必要はない。空間スケールを流域とすることも可能である（**7・2**で説明）。山あいの過疎集落と平場をセットで考え、住民の生活と共同体を守り、同時に山野の環境の持続性を高める。

　「積極的な撤退」は過疎集落から考える国土利用再編の戦略といいかえてもよい。本書では過疎集落を中心に話を進めるが、平場の農村や都市部も同時に変化しなければ根本的な問題は解決しない。平場の農村部や都市部は、なにもかもこれまで通りで、過疎集落だけがまんするということではない。

2　引くべきは少し引いて確実に守る・進むべきは進む

　これまでの国土形成の原則は「格差の是正」であった。自然的・社会的条件に関係なく、どこにいっても立派な道路、病院、商業施設などがある。田畑や人工林も徹底的に整備する。これが理想であった。そして現実に莫大な税金が投入された。

　人口が増加する時代、特に高度成長の時代は多少の無理も通用した。しかし時代がかわってしまった。これからは「人手が足りない（人口が減る）」「お金が足りない（財政は厳しい）」の2点を強く意識する必要がある。自然的・社会的条件を考慮した無理のない国土形成をめざすべきである。現状が維持できるのであれば何かを急ぐ必要はない。ただし、引くべき（条件が厳しい場合）は少し引いて確実に守る。むろん進むべきは進む。個々の住民の意思を尊重しつつ、地域全体の効率を向上させる必要がある。ただし目標は、「ほどほどの効率」である。過度の効率の追求ではない。

　少し脇道にそれるが、「これからは効率ではなく、ゆとりである」という意見を聞くことがある。しかし効率をあげずに、どうやってゆとりをつくるのか。天から時間やお金が降ってくるのか。ゆとりを作るためには効率をあげるしかない。効率とゆとりは対立するものではない。

　なお、人口増加時代は時間が味方をしてくれた。じっと待っていれば人口が増えて税収も増えるからである。しかし人口減少時代は、その逆である。先送りは問題を深刻にするだけであろう。

3　生活を守る

(1) 条件が恵まれている

　過疎集落にこだわらず、山あいから平場まで広い視点でみてみよう。平場など、条件が恵まれているところは、この先も生活や共同体が維持できる可能性が高い。多少条件が厳しくても、若い世帯の農村移住、定年帰農、二地域居住で人口が維持できるところもある。このような場所では、まち・むらづくりの方向を急ぎ大きくかえる必要はない。むろん、何ら問題がないということではない。ただし、これについては既往の文献も数多く存在するので、本書ではふ

れない。

(2) 条件が非常に厳しい

一方、山あいなど、条件が非常に厳しいところでは、次善策「平場への集落（集団）移転による生活と共同体の立て直し」あるいは「尊厳ある最期（たとえば、むらおさめ*1）」などを考える必要がある。なお、「尊厳ある最期」といえば何となく聞こえもよいが、下手をすると「何もせず、このまま消滅させるべき」と同じような結果をもたらす。何十年という長期にわたって、多大なサポートが必要であることを考えれば、成功するところは限定される。

「すべての過疎集落が移転すると、山あいの文化（2・2）、その文化によって成立していた二次的自然（2・3）が消滅するのでは」との疑問もあると思う。まさに、その通りである。現実には、すべての過疎集落が移転することはないと思うが、集落が少なくなった地域であれば、ありえないことではない。5・4で詳しく説明するが、「積極的な撤退」では、少数の過疎集落については、不利を承知であえて現在の場所にとどまってもらうことを考える。そして地域の代表として、山あいの文化（や二次的自然）を守ってもらう（育ててもらう）。「進むべきは進む」である。ただし、個々の集落の文化に優劣をつけるということではない。二次的自然については管理を粗放化して守ることも考える（後述）。

(3) 中間的な条件

「条件が恵まれている」とはいえないが、「非常に厳しい」というほどでもない。中間的なところはどうすればよいのか。このような場所では、小田切氏*2が主張する「新しい農山村コミュニティ」で切り抜けることなどを考える。同氏によると、たとえば広島県旧高宮町（現安芸高田市）の川根振興協議会がそれにあたる。川根地区は19集落、人口570人。振興会は「万屋」と呼ばれる山村コンビニ、「油屋」と呼ばれるガソリンスタンドを運営している。高齢者への給食サービスなどもある。「新しい農山村コミュニティ」などについても、既往の文献が数多く存在するので、本書では立ち入った議論はしない。

4 生活のための自主的な集落移転

(1) 強制ではない

集落移転は「積極的な撤退」の重要な要素のひとつであるが、もっとも誤解

を受けやすいものでもある。一口でいえば、ばらばらではなく、集落全員がまとまって引っ越すことである。これは「生活のための自主的な移転」であることを強調しておく。強制でも半強制でもない。選択肢のひとつである。ダム建設などに伴う集落移転とはまったく別物である。

(2) 何がどうかわるのか

「集落移転は高齢者の心を無視した最悪の選択肢である」という意見もあろうが、第1章などで説明したような現状を考えると決して最悪ではない。まわりに田畑のある地方小都市に移転するとどうなるのか。このまま衰退する場合（消極的な撤退）と集落移転を実施した場合のちがいを表1にまとめた。病院も近くなり、高齢者は安心して生活することができる。1・3では、「この先、定住が不可能になる高齢者」で、なおかつ「生活の心配がないところへの移住が不可能な高齢者」(寄る辺のない人) が最優先であると主張した。集落移転ではそのような寄る辺のない人の生活を守ることもできる。最善策とはいえないが、決して最悪ではない。移転を金銭面から支援する仕組みもある。共同体が健在なら、いつの日かもとの場所に戻ることもできる。まさに「少し引いて確実に守る」という選択肢である。離村の奨励金や補償金を手渡して、「あとはご随意

表1 「このまま衰退（消極的な撤退）」と「集落移転」のちがい

	このまま衰退（消極的な撤退）	集落移転
生活全般	これからも、ゆっくりと不便になるが、急激な変化はない。	変化する。病院や商店が近くなる。まわりには田畑もあるので、農村的な生活もある程度維持できる。
病気がちの高齢者	都市部の息子・娘の家や施設へ。都市的な生活を強要されることもある。	移転先で生活を継続できる。
地縁・共同体	消滅する。	場所はちがうが維持される。
寄る辺のない高齢者	置き去りにされる。	集落のみんなといっしょに生活できる。
車いす・電動カート	移動できる範囲は限定的。	広い範囲を移動できる。
他の集落からの支援	難しい。過疎集落の隣もまた過疎集落。	可能。
出て行った若い世帯	学校や病院（小児科など）がないため、戻ることはむずかしい。	戻ることができる。
跡地の家屋	無残な廃屋が残る。周辺のゴミ投棄が増える危険性がある。	移転時に撤去することもできる。一帯を進入禁止にすれば、ゴミ投棄を防止できる。
地方の財政	拡散したインフラを維持しなければならない。最悪の場合、半ば強制的な移住につながる。	インフラの管理などを簡素に。長期的には財政に余裕。医療サービスなどを手厚くすることも可能。

に」ではない。詳しくは第5章で説明する。なお、第7章では、誇りの再建といったメンタルな問題にも言及する。

　表1にもあるように、集落移転のあと、インフラの管理などは簡素にする（撤収もありうる）。財政の負担を軽減するためである。財政に余裕ができれば、医療サービスなどを手厚くすることもできる。公債を減らし、次世代の未来を明るくすることもできる。

(3) 過去にも学ぶ

　とはいえ、これだけでは「机上の空論」といわれてもしかたがない。本節での説明はここでとどめるが、4・2では大震災の教訓から集落移転が望ましいことを示す。4・3では過去の集落移転から教訓を抽出する。さらに4・4では、近年実施された集落移転の成功事例を紹介する。

5　田畑や人工林を守る

　ここまでの話で、コンパクトシティを思い出したかたも多いと思う。確かに共通点は多いが、田畑や人工林が取り上げられることはあまりない。一方、「積極的な撤退」では田畑や人工林も「生活」と並ぶ重要な要素である。

(1) 条件ごとに

　田畑や人工林も、このまま維持できるところ（条件が恵まれているところ）は、特に何かを急ぐ必要はない（従来型のまま）。わずかに厳しいところも、人手やお金を集中し、「従来型」で守る。従来型と書いたが、何もかも同じということでもない。たとえば畑を畑として維持するとしても、珍しい野菜を作って勝負するなど、「進むべきは進む」も考えるべきである。逆に条件が非常に厳しいところは原則としてもとの自然に戻す。人工林であれば、自然林へと誘導する。なお放置すればもとの自然に戻るとは限らない[*3]。竹林の無秩序な拡大が一番わかりやすい例であろう。

　条件が中間的なところについては、「管理の粗放化」で対応することを考える。たとえば田畑であれば放牧地への変更、針葉樹の人工林であれば、広葉樹林に近い針広混交林（針葉樹と広葉樹の林）に変更することなどを考える（詳しくは第6章で説明する）。

　従来型の農林業を継続するところに絞って、必要に応じて人手やお金を集中

する。それ以外については、原則として、「管理の粗放化」か「自然に戻す」のどちらかを選ぶ。選択肢は3つである。ふつうは、「従来型」→「粗放化」→「自然に」の順に考える。ただし、ピンポイント的なもの、どちらかといえば例外的なものとしては、公園化などもありうる（あえて、これを含めると選択肢は4つになる）。

(2) 潜在能力は残す

針広混交林にすると材としての木が少なくなるが、表土が流出する危険性は低下するといわれている。表土が健在であれば、将来、好機が到来したとき、いかようにも対応できる。また水田を放牧地にしておけば、食料不足の際、すみやかにもとに戻すことができる[*4]。つまり、一歩譲って、現状維持をあきらめることはあっても、土地の潜在能力はなるべく残すということである。これも「少し引いて確実に守る」である。

(3) 経済最優先のリストラではない

これは経済最優先のリストラではない（そうであれば農村計画学に出番はない）。水循環の都合、生き物の都合、文化の都合などもある。それぞれの理想像を並べて、ほどほどに正しい解を見つけることになる。ある生き物を守るため、不利を承知で山奥の水田を維持することもある。なお、第6章で詳しく説明するが、計画的に土地利用を再編すれば獣害を防ぐことも可能である。

（林　直樹）

4・2
仮設住宅の入居方法に学ぶ集落移転

1 震災が過疎集落の「時間を進めた」

2007年3月、中越地震の仮設住宅を視察するために新潟県長岡市を訪れた。その際、現地を案内してくれた新潟県長岡地域振興局の職員の言葉がとても印象的だった。「地震が起きる前から長岡市の中山間地域では過疎化が進んでい

た。今回は地震によって多くの人が平場へ降りてきたが、これは近い将来起きるはずだった集落の自然消滅を先取りしたようなものではないか」[*5]。

　震災によって避難生活を余儀なくされ、平場に整備された仮設住宅で集団的な生活を営むというのは災害時特有の状況だろう。しかし生活の場が山間から平場へ移るという点では集落移転と同じベクトルを持つ事象である。仮設住宅への入居は、震災によって発生した集団的な移転の一形式であるといえよう。

　仮設住宅への入居方法には、集落構成員が空間的にも時間的にも離散してしまう場合（個別移転）、地域のコミュニティを維持しながらまとまって移転する場合がある。本節では、4・1で登場した「集落移転」のメリットを、仮設住宅への入居方法から明らかにしたい。

2　阪神・淡路大震災で得られた教訓[*6]

　1995年1月に発生した阪神・淡路大震災では、住宅が全壊した人の数に比べて準備できた仮設住宅の数が圧倒的に少なかった。そこで、まずは高齢者や障害者が優先的に仮設住宅へ入居できるように抽選が行われた。これは災害救助法が持つ福祉的な性格を反映させた方法であるといえる。ところが従前の地域のコミュニティについて考慮せずに抽選を行ったため、高齢者や障害者が有していた地縁が、仮設住宅入居時にことごとく分断されてしまった。その結果、災害前にコミュニティから得ていた生活上の様々なサポート（何気ない会話から夕食のおすそ分けまで）が受けられなくなり、自宅に引きこもる高齢者や障害者が増えてしまったのである。

　こうした状況に対して、行政などが仮設住宅入居後に新たな人間関係を築くためのプログラムなどを実施したものの、従前のコミュニティに匹敵するほどの人間関係をつくりあげることは困難だった。人とのつながりを断たれたことは、様々な生活のサポートが受けられなくなるという実利的な面だけでなく、仲のいい友人に会えなくなるという精神的な面でも高齢者や障害者にマイナスの影響を与えた。その結果、3年間で200人もの孤独死が発生する[*7]など、仮設住宅における新たな社会問題を引き起こしたといわれている。

3 中越地震での成功事例

　阪神・淡路大震災での教訓から、2004年10月に起きた中越地震の仮設住宅では集落単位で入居者を割り振る「コミュニティ入居」が採用された。また50戸に1か所の割合で集会所を設置したり、高齢者のための複合的なサービス提供施設を設置したりと、コミュニティを重視した仮設住宅を整備した。さらにデイサービスや訪問介護等の複数の機能を持つ福祉施設を併設するなど、阪神・淡路大震災の経験を踏まえた新しい取り組みがなされた[*8]。

　こうした配慮が功を奏した。集落ごとにまとまった仮設住宅が割り当てられたため（図1、図2）、お互いが顔見知りのまま協力して生活することができたのである。入居者同士の連絡体制も構築しやすく、生活や防災に必要な情報収

図1　仮設住宅の入居状況（千谷第一応急仮設住宅 2005年4月14日現在）
（出典：福与徳文・内川義行・橋本禅・武山絵美・有田博之「中越地震における農村コミュニティ機能」『農業土木学会誌（水土の知）』第75巻第4号、pp.11-15、2007）

図2　仮設住宅が並ぶ風景（撮影：澤田雅浩）

図3　住宅の入口を向い合わせに配置（撮影：澤田雅浩）

集や情報共有が確実に行われた。除雪や草刈りなどの日役的な行為を公平に負担する仕組みをつくりだすこともできた。そのうえで高齢世帯には無理を強いることなく、公平ななかにも互助的な仕組みを取り入れるという応用も見られた。さらに集落単位の重要な意思決定については、集落構成員全員で議論を重ねて合意形成を図ることができた[*9]。

　コミュニティ入居（コミュニティ単位で仮設住宅に入ること）の結果、日常的なコミュニケーションも活発に行われるようになった。仮設住宅の出入り口を通路側に向かい合わせで設置すること（図3）によって、なるべく人と人が顔を合わせやすい環境をつくりだした。その結果、通路を通る人同士が顔を合わせる機会が多くなり、何気ない会話などが交わされるようになった。また仮設住宅の裏庭につくった家庭菜園（図4）で作業をしていると、近所の住民が前を通りかかって立ち話をすることもある。家庭菜園が近所の人たちとの挨拶や季節の話題などの会話を促進する装置として機能しているといえよう。そのほか、雑貨屋や理容室など（図5）、移転前から続けてきた商売を仮設住宅で始めることによって、馴染みの客が訪れてくれることになり、いろいろな会話が生まれることになる。こうした会話もコミュニティ単位で仮設住宅に入居したことの効果だと考えられる。

4　地域コミュニティを考慮した集落移転

　現在の中山間地域における集落消滅の多くは、主に限界まで集落で生活した居住者たちが、個々に集落を離れていくことによって生じている（消極的な撤退における散発的な離村）。つまり、集落を離れる時期も転居先も個別であり、

図4　仮設住宅の前に作られた畑　　　図5　雑貨を扱う仮設店舗

これまでに構築されてきた地域のコミュニティを解体しながら集落消滅への道を辿っているといえよう。残される者はコミュニティの衰退を実感し、離れる者もまったく新しいコミュニティのなかに入ることを迫られる。

これは阪神・淡路大震災の仮設住宅で高齢者や障害者が孤立したときの状況と似ている（図6）。地域のコミュニティから孤立した生活は、引きこもりや孤独死に至る危険性が高い。特に高齢者は、近所に住んでいた人たちとの結びつきがなくなると抑うつ傾向が高まるといわれている[*10]。これら諸問題の解決策のひとつとして、個別に離村するのではなく、中越地震の仮設住宅における「コミュニティ入居」のように、地域の結びつきを残したまま新しい土地へ移転する方法（積極的な撤退における集落移転）が有効であると考えられる（図7）。

ここでは、震災時の仮設住宅への入居における「コミュニティ入居」方式にならって、地縁による安心感を維持したまま新たな土地へまとまって転居する方法を「コミュニティ転居」と呼ぶことにする。「コミュニティ転居」は、「集落移転」の一形態である。「集落移転」という言葉には集落外部の都合によって（たとえば行政の効率化やダム事業など大きな力が働いて）集落が移転させられる感がある。そうではなく、集落の良好な生活を守るために、「コミュニティ」を保持したまま、「コミュニティ」の意志で転居する、という意味を強調するた

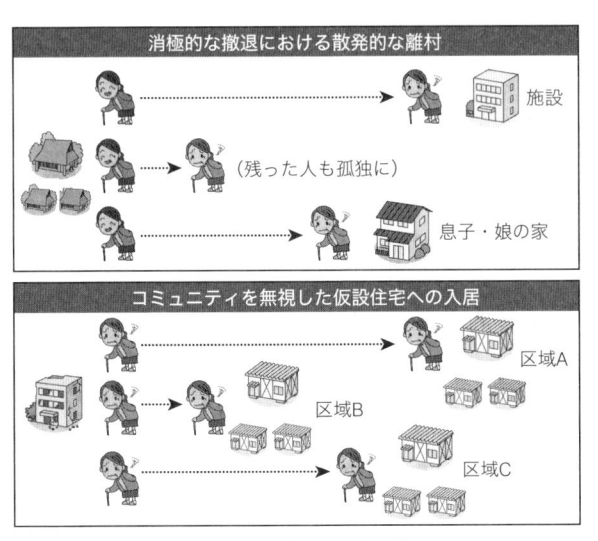

図6　地縁による安心感の喪失（作成：林直樹）

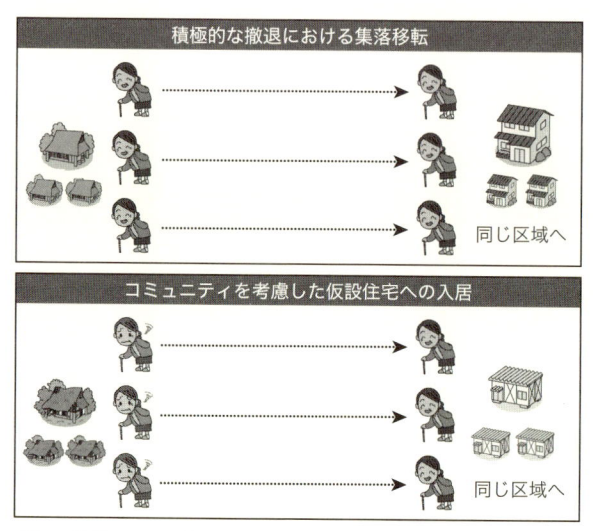

図7　地縁による安心感の維持（作成：林直樹）

めに、ここでは「集落移転」よりも「コミュニティ転居」という表現を用いたい。「コミュニティ転居」の利点は、同じ集落に住む人たちが同時にまとまって同じ地域へ転居することによって、地縁による安心感を維持したまま新しい生活をスタートさせることができるという点である。これを断ち切りながら個別に転居する場合、転居先でコミュニティを醸成するための各種プログラムを実施したところで、阪神・淡路大震災時の教訓にみるように、かつてのコミュニティほど強固な人間関係を構築することはむずかしい。しかも、一般的には転居先で、一人の新しい居住者のために行政などがコミュニティ醸成プログラムを実施するということはほとんどない。その結果、集落から出てきた高齢者などは孤独死に至るまで孤独感を味わい続けることになる危険性がある。

5　シミュレートで「時間を進める」専門家

　本節の内容をまとめると以下のようになる。震災時の緊急避難における仮設住宅には、集落ごとにまとまって入居する「コミュニティ入居」が望ましい。一方、過疎集落の構成員が1軒ずつ個別に転居することは、集落の人間関係を断ち切りながら移転することであり、生活の孤立化を促進することになる。仮設住宅の「コミュニティ入居」に倣い、集落構成員が同時に同じ場所へと転居す

る「コミュニティ転居（集落移転）」が望ましい。

　転居するかどうかを決めるには、集落構成員同士の長い話し合いが必要となるだろう。こうした話し合いの場をどのようにデザインするかが重要である。集落構成員だけでは議論が先へ進まない場合、外部のアドバイザーやファシリテーターが必要になることもあるだろう。専門家が関わることによって、集落の将来像を明確に示すことができるようになる。地震災害などによって一気に空間が崩壊すれば、居住の困難性は明確に示されることになる。しかし集落が徐々に崩壊していく場合は、将来の集落消滅状態をイメージすることがむずかしい。当該集落がいずれ行き着く将来の居住困難性を、シミュレーションによって現在へ引き寄せて示し、災害時と同じように「このままここに住むのは困難だ」ということを集落構成員と共有することのできる専門家の役割が重要である。

　「まだ大丈夫ではないか」「活性化できるのではないか」「集落移転はマズイのではないか」などと議論している間にも、集落構成員の離散的な転居は進むだろう。気付けば数軒しか残っていないという集落消滅への道を辿るよりも、早めに集落の将来を見極めて、「コミュニティ転居」による集落活性化や新たな価値の創造など、前向きな議論の枠組みを構築すべきである。

（山崎　亮）

4・3 歴史に学ぶ集落移転の評価と課題

1　集落移転事業の歴史

　「集落をまるまる別の場所に移転」という考えは決して突飛ではない。図8は1999年までの集落移転事業の実施件数を示したものである。

　これまでの集落移転事業の評価と課題を示す前に、まずは集落移転事業の今日までの経緯を、実施件数を示した図8を参考に4つの時期に分けて説明する。

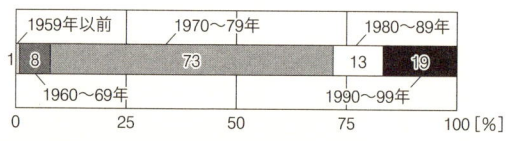

図8 過疎地域における集落移転の実施時期と件数
(出典：総務省「過疎地域の現況（平成19年度版）」p.14、
http://www.soumu.go.jp/main_sosiki/jichi_gyousei/c-gyousei/2001/kaso/pdf/note19.pdf)

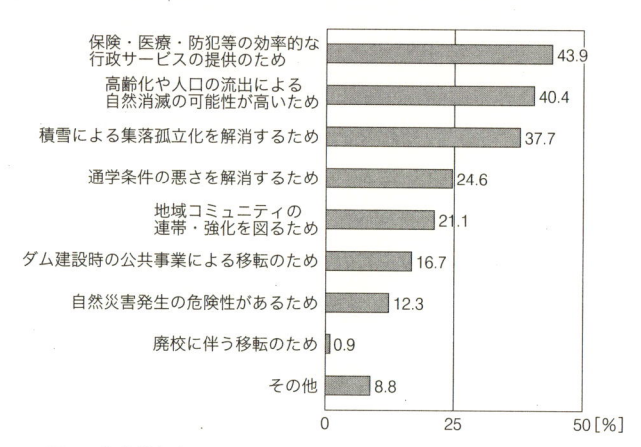

図9 集落移転事業の実施理由・背景
(出典：総務省「過疎地域の現況（平成19年度版）」p.14)

(1) 1969年以前

　1960年代後半から本格化する高度経済成長期のなかで、就職や進学のために単独で離村する若者、一家族がまるまる離村する「挙家離村」が増えたため、存続が危ぶまれる集落が現われた。

　これらの集落は、いずれも主要道路やバス停からの距離が離れ、雪が降れば交通が途絶する「へき地」にあった。そこで当時の市町村は、集落の「へき地」性を解消するため集落移転に注目した[11,12]。ただし本格的な制度はまだ確立されていなかった。

(2) 1970年から1979年まで

　そうしたなか、1970年から1973年まで行われた経済企画庁の集落再編成モデル事業、1971年から始まった国土庁（現在は総務省）の過疎地域集落再編整備事業など、自然災害とは関係なく、一定の条件を満たせば、国からの集落移転の支援を受けることができる制度が整備された。市町村は、「保険・医療・防

犯等の効率的な行政サービスの提供のため」（図9参照）に集落移転を実施した。

(3) 1980年から1989年まで

ところが1977年に策定された「第三次全国総合開発計画」（三全総）における「定住圏構想」の成立が影響して、集落移転は大きく後退した。この時期になると、モータリゼーションの波が中山間地域にも伝わり、自家用車が普及した。集落が移転しなくても定住圏の中心集落と各集落とを道路で結ぶネットワークができれば、「へき地」は解消されると考えられた。

(4) 1990年以降

道路整備が進み、集落活性化事業や都市農村交流事業などが活発に行われたにもかかわらず、1990年代に入ると、再び集落移転が必要であるという意見が出るようになった[*13]。その背景には「限界集落」の出現と、集落の自然消滅による自然災害発生の危険性の高まりがある。結局、道路を整備しても人口の流出は止まらず、集落には行き場のない高齢者が残されることとなった。一方、地権者の所在不明により、誰も集落跡地の管理ができないという深刻な問題が生じている。

2 これまでの集落移転事業の評価──住民調査より

これまでの集落移転事業を簡単に振り返ってみたが、実際に移転した住民は、集落移転事業をどのように評価しているのであろうか。ここでは、1980年から1999年までの間に集落移転を行った17市町村の105人の住民に対する調査を取り上げる。

集落移転事業に対する感想（図10）をみると、8割以上が「移転してよかった」と回答している。また図11から、満足の理由が買い物や通院など日常生活の利便性の向上や、積雪など厳しい自然からの解放にあることがわかる。

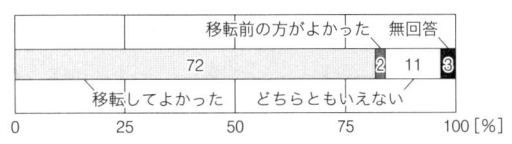

図10 集落移転事業の感想
（出典：総務省「過疎地域の現況（平成19年度版）」p.14）

一方で、集落移転事業には不満の声もあった。図12は集落移転事業に対する不満を示したものである。不満の上位には、移転費用の負担、集落の合意形成の手間があげられている。

3 これからの集落移転事業に向けて—課題の整理と対策の糸口

これまでの集落移転事業は、生活の利便性などを大きく向上させるが、費用や手間がかかるものと評価されている。生活の利便性を改善したいと考えていても、資金面や人材面で苦しい過疎集落にとって、集落移転事業はハードルの高い選択肢である。

したがって、これからの集落移転事業では、まず費用や手間の問題を解決する必要がある。一方で、「高齢者の生活に配慮した住宅にしてほしかった」などの不満にも注目する必要がある。このような回答は調査時点では少ないが、高齢化が進む今後においては、不満の上位に表れる可能性がある。これらの不満も今のうちに解決できれば、集落の将来を考えるうえで、集落移転事業がこれまでよりも具体的にイメージできるようになるであろう。ここでは図12をもとに、これからの集落移転事業の課題を整理し、その対策の糸口を示す。

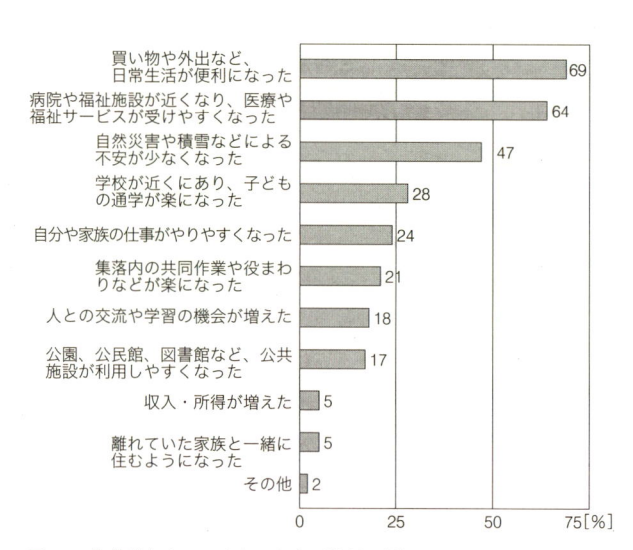

図11 集落移転をしてよかった点（複数回答）
（出典：国土交通省第6回自立地域社会専門委員会資料4-2、p.24、
http://www.kokudokeikaku.go.jp/share/doc_pdf/2100.pdf）

（1）移転費用の個人負担をなるべく少なくする

　第一の課題は、図12で最も回答数が多い「移転にかかる個人の費用負担や支出が大きかった」の解決である。移転を希望する住民にとっての最大の障壁は、移転費用の個人負担、特に住居取得費の負担が大きいことである[14]。たとえば、1971年に集落移転を行ったある集落の場合は、国や自治体の支援があったとはいえ、250万円から300万円かかった住居取得費の3分の1は借金であった[15]。なかには移転資金を捻出するため、集落のまとまりを支える共有財産を売却する集落も見られた[13,16]。

　これからは年金が主な収入源である高齢者が多くなる[17]。費用の3分の1を借金して返済できる経済力のある住民は少ないであろう。やむを得ず共有財産を売却しても、現在の資産価値を考えると個人負担分を確保できる可能性は低い。個人負担を一層軽減させることが必要である。場合によっては無償化も視野に入れるべきである。

　個人負担を軽減するためには税金の投入が不可避である。税金を投入する以

項目	％
移転にかかる個人の費用負担や支出が大きかった	32
集落内で住民の意見をまとめるのが大変であった	23
移転するまでに時間がかかりすぎた	10
住んでいた家や土地の手入れ、管理、売買などに対する対策が不十分であった	10
移転先が希望どおりの場所ではなかった	9
役場から住民への説明や話し合いが不十分であった	8
もとの集落にある神社や仏閣、墓などに対する対策が不十分であった	8
住んでいた家を移築できるようにしてほしかった	6
個人的な相談にのってもらえなかった	6
高齢者の生活に配慮した住宅にしてほしかった	4
最初は季節的に移住し、徐々に移転できるようにしてほしかった	2
集落でいっせいにではなく、準備ができた人から移転できるようにしてほしかった	2
戸建て住宅ではなく、集合住宅にしてほしかった	1
その他	6

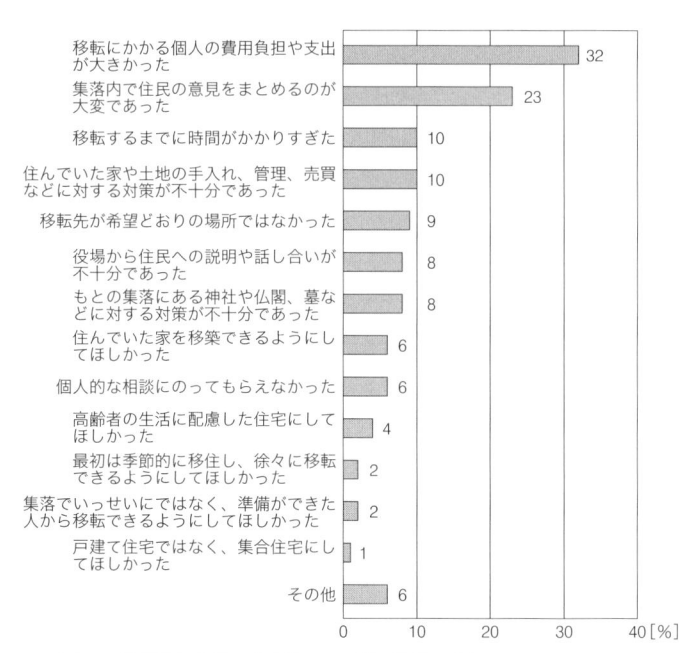

図12　集落移転事業の内容等への不満（複数回答）
（出典：国土交通省第6回自立地域社会専門委員会資料4-2, p.24）

上は、他の納税者の理解と協力を得る必要がある。特に無償で移転となると、他の納税者から「過剰な支援だ」という不満が出ることも予想される。そこで国や自治体が所有する「移転先の土地と家屋」と、住民が所有する「もとの集落の土地」をそっくり交換するという仕組みをつくってはどうか。ただし自治体などがもとの集落の土地を所有することになった場合、財政悪化とともに開発業者に売却されるおそれが出てくる[18]。国土・環境保全のための厳しい規制が不可欠である。

(2) 合意形成を支援する

第二の課題は、図12で2番目に多い「集落内で住民の意見をまとめるのが大変であった」と、3番目に多い「移転するまでに時間がかかりすぎた」の解決である。移転するまでの時間がかかりすぎた最大の原因は、集落内で意見がまとまらないことである。したがって、2番目と3番目は合意形成に対する不満としてまとめることができる。

意見がまとまらない要因としては、(1)で述べた経済的な問題が大きいが[19]、集落内にまとめ役を果たせる住民がいないことや、集落移転事業のもう一方の当事者である役場側も人員不足で十分な対応ができないことなど、人材面の問題もあげられる。特にこれからは、人口減少と高齢化の一層の進行、役場の弱体化により、人材面の問題がより深刻になると予想される。

そこで、集落と役場の間などに入り、合意形成を支援する集落支援員などが非常に重要になる。こうした支援が充実すれば、「役場から住民への説明や話し合いが不十分であった」「個人的な相談にのってもらえなかった」という不満も解消されるであろう。

(3) 集落跡地を確実に管理する

第三の課題は、「住んでいた家や土地の手入れ、管理、売買などに対する対策が不十分であった」「もとの集落にある神社や仏閣、墓などに対する対策が不十分であった」の解決である。集落跡地の荒廃は、集落の氏神や墓を守るという点でも、自然災害防止の観点からも問題である[20]。

もとの集落の住民が管理する場合は、担い手が高齢者中心になるので、逆に荒廃が進むおそれがある[15,19]。確かに計画的に移転したほうが自然消滅よりも集落跡地がしっかり管理されているとはいえ[21]、それは道路のそばだけであり、

一歩中に入ると荒れ放題である[*22]。これでは自然消滅と大差がない。

　これからは確実に集落跡地を管理できる体制をつくることが求められる。まず地籍調査を行い、所有関係を確認・整理したうえで、なるべく手間のかからない管理を目指す。そのうえで、どうしても人手が必要なところについては、自然災害防止の観点から、集落外の住民に協力を求めるしかない。その場合にはNPOの協力などが必要である。

(4) 高齢者が生活しやすい住環境を整備する

　第四の課題は、「高齢者の生活に配慮した住宅にしてほしかった」の解決である。図12では下位の不満であるが、これからの集落移転事業では、上位に表れることが予想される。

　移転先には高齢者の希望に配慮した広さや間取りを持つ住宅を建てるとよいであろう。そうすることで「住んでいた家を移築できるようにしてほしかった」という不満にも対応できる。あるいは戸建て住宅にこだわらず、集合住宅を建設してもよいであろう。「戸建て住宅ではなく、集合住宅にしてほしかった」という不満も解消できるし、住宅の管理面で住民の負担を減らすことができる。

　なお、「配慮」は住宅だけにとどまるものではない。農村部ではすべてではないにしても、食料を自給しており、食費があまりかからない。お金（食費）を使わない暮らしに慣れている高齢者[*17]のために、移転先にも小さな田畑を準備することが望ましい。

(5) 徐々に移転

　第五は、「最初は季節的に移住し、徐々に移転できるようにしてほしかった」「集落でいっせいにではなく、準備ができた人から移転できるようにしてほしかった」の解決である。徐々に移転させると、あとから移転する住民ほど大変であるが、選択肢として残しておくべきであろう。

（前川　英城）

4・4
平成の集落移転から学ぶ

1 集落移転はすべて「よくないもの」なのか

　集落移転には「ダム建設など→集落移転（以下、ダムのための移転）」、「過疎→生活が成り立たなくなる→集落移転（以下、生活のための移転）」の2つがある。後者にも多くの事例があるが、不思議なことにほとんど知られていない。そして、「ダムのための移転」は「住民を馴染みのある土地から強制的に引き剥がす」といった感じで何かと評判がわるい。そのためか、中身が検討されることもなく、「集落移転≒よくないもの」とされることが多い。これは困ったことである。「積極的な撤退」における集落移転は「生活のための移転」である。それは移転した住民からどのように評価されているのか。これも「よくないもの」なのか。

　「生活のための移転」を知っている人もいるが、その評価はわかれている。1970年代に行われた集落移転には、一部に成功とはいいがたいものもあった。これをもとに集落移転を批判する方もいる。とはいえ、1970年代といえば、だいぶ前の話である。時代背景も変わった。失敗をもとに改善されたところもあろう。平成の集落移転（生活のための移転）は、どのように評価されているのか。

　筆者はその疑問を胸に、日本全国における集落移転（生活のための移転）の事例を探した。そして注目すべき事例、鹿児島県阿久根市の本之牟礼地区の集落移転を見つけた。本節では現地調査の様子を描きながら、これをみなさまに伝えたい。

2 鹿児島県阿久根市役所での聞き取り調査

　筆者らは、2008年7月に鹿児島県阿久根市へと向かった。阿久根市は鹿児島県の北西部に位置する。市の面積は134.3km²、人口は25,072人（2005年）で

あり、減少の一途をたどっている（国勢調査より）。鉄道が通っているが、その本数や立地などから、交通の利便性はあまりよくない。バス路線の大半は国道・県道沿いにとどまっており、住民の足はもっぱら自家用車といってよい。

筆者らがまず訪ねたところは、市の中央の沿岸部、国道389号線沿いにある阿久根市役所である。ここで市の財政課と企画調整課の方のお話を聞いた。そのなかには、この事業の当時の担当者であり、なおかつ移転した集落の出身者という方もいた（調査の最後までご同行くださった）。

(1) 平成の集落移転

図13をみてほしい。1989年、右下の本之牟礼地区から、左上の倉津団地へ7世帯が移転した[23]。倉津団地に隣接する倉津地区と本之牟礼地区は同じ寺の檀家でもともと親しかったという。

この事業にかかった費用などの詳細な数値は筆者らの報告[24]に詳しい。ここでは資料だけではわからない、移転した住民の評価を、当時の担当者から知ることもできた。どうやら生活のための移転は高く評価されているようである。

(2) 先見の明

この地区の移転については、I氏という住民の存在が大きい（残念ながら調査時には、すでに他界されていたので直接お話を聞くことはできなかった）。I氏は町内会長ではないが地区の実力者である。「このままでは、この集落は先細

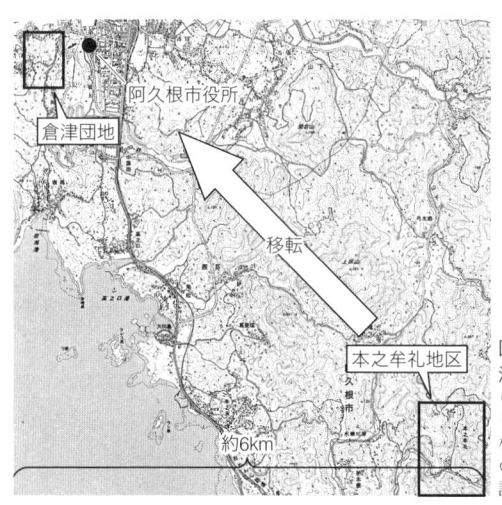

図13　阿久根市の本之牟礼地区および倉津団地
（出典：国土地理院発行の2万5千分の1地形図「阿久根」(2003年発行)、「大川」(2004年発行)、林直樹・齋藤晋「二地域居住の限界と集落移転の実際」『第37回環境システム研究論文発表会講演集』2009. 10、pp. 81–86、2009)

りになる」と考え、この地域出身の政治家を通じて市にその意向を伝えた。I氏は移転に消極的な人たちを説得し、集落内の意見をとりまとめた。

　もしもこれが、「ダムのための移転」のように、外の力で強力におしすすめられていたら、どうなっていたか。これについての話は出なかったが、筆者はここまでうまくいくことはなかったと考えている。

　ここでもうひとつ注目すべきは、当時の本之牟礼地区の人口年齢構成である。確かに跡継ぎとなるような若い世代は少ないが、まだ平均年齢は40歳代であり、集落を占める年齢層も壮年層がまだまだ多かった。そのような状況での決断である。「将来の先細り」を想定し移転に踏み切ることを考えたI氏、そして地区住民の先見の明には驚かされる[*25]。

3　倉津団地での移転住民からの聞き取り調査

　次に筆者らは移転した住民からの声を直接聞くため、集落の移転先である倉津団地へと向かった。倉津団地は市役所から西へ、車で約2分（徒歩なら約15分）のところにある（図13の左上）。図14は造成時の様子である。現在の倉津団地の様子は図15のようになっている。住居は近代的な住宅で、いくつかの家の庭には家庭菜園がある。緑に囲まれた静かな団地である。

　ここでは、移転したあるご夫婦の話を聞いた。「移転したとはいっても、周りは知った顔ばかりなのでこころづよい」「周りも自然に囲まれているので、以前住んでいた場所から遠く離れてしまったという感覚もない」とのことで、居心地はわるくないようである。

図14　倉津団地の造成時の様子（提供：阿久根市）　図15　現在の倉津団地の住居

もしも、もとの集落に住み続けていたらどうか。「若い時には多少不便な場所でも原付などを使って移動すればどうってことないと思って（移転前の地区に）住んでいたが、歳をとってみると、とてもそこには住み続けられなかったのではないかと思う」とのこと。「移転しなければ、しあわせだったはず」という話ではない。もしも、個別に市街地に移転していたらどうか。「『窓をあければ市街地で、周りに誰もかつてのご近所さんがいない』というのであれば、居心地がよいかどうかはわからない」という。

もっとも移転時には、いろいろな摩擦もあったはずである。ご夫妻の母上が、当初は住居を変えるつもりはなかったが、移転の話が進むにつれて、「それも時代の流れだ」と受け入れた、という話が印象に残っている。ただし現在の状況が高く評価されていることに変わりはない。

4 本之牟礼地区での現地踏査

それから筆者らは、かつての居住地であった本之牟礼地区へと向かった（移転した住民も調査に加わった）。本之牟礼地区は市の南東部に位置し、市役所からは山道をぬけて車で25分ぐらいのところにある（図13の右下）。

市役所でもらった移転当時の写真のコピーを見ながら、集落跡地を踏査した。はじめに着いたところは、本之牟礼地区の分校跡であった。かつての校庭と思しき広場は草におおわれ、遊具が錆びてしまっている。校舎には現在陶芸家の方が住んでおり、その生活空間となっている。図16は移転直前の分校跡の様子、図17は同じアングルから今の分校の様子を撮影したものである。1963年

図16 移転直前の分校跡（提供：阿久根市）　　図17 図16の現在の状態

には児童が27人もいたが、減少の一途をたどり、集落移転のだいぶ前、1975年に廃校となった[*26]。

図18は当時の写真で商店であったが、今は図19のようになっている。図20も当時の写真で、今は図21のようになっている。最短でそこへ行くためには小さな橋を渡る必要がある（図22）。先の倉津団地の様子を見てきたあとでは不便極まりないと感じられてしまう。図23は当時、地区の北部にあった住居をある程度離れたところから撮影したものである。移転時、手前の農地に植えた木が大きくなり、今では住宅は見えない（図24）。

筆者らはこれまでにも廃村をいくつか見てきた。降雪のある地方では、10年ほどで屋根が潰れ、もはや住居の形をなしていないものが多く見られた。しかし、この本之牟礼地区は降雪の少なさのせいか、移転して約20年たった今も、住居が比較的そのままの形で残っているところが多い。

図18　移転時の個人住宅（兼商店）(提供：阿久根市)　　図19　図18の現在の状態

図20　移転時の個人住宅（提供：阿久根市）　　図21　図20の現在の状態

5　墓地の移転、そして皆の集う場所へ

　最後に筆者らは、本之牟礼地区から車で少し行ったところにある本之牟礼馬頭観音公園に着いた（図25）。小高い丘をもつこの公園は、かつては地区住民の墓地であった（お骨は移転の何年か前頃から掘り起こし市街地の菩提寺に納骨していた）。お墓のあとには桜の木が植えられている（図26）。また丘の上には馬頭観音が祀られている。荒れた様子がないところをみるに、今でも住民らが時折見回りに来て、管理しているのであろう。

　春、桜の咲く頃には、本之牟礼地区の旧住

図22　図20の個人住宅とその前の橋

図23　移転時の個人住宅（手前は田畑）（提供：阿久根市）

図24　図23の現在の状態

図25　本之牟礼馬頭観音公園

図26　桜の木が植えられた小高い丘

第4章　積極的な撤退と集落移転　　101

民（倉津団地の人のみならず、市内の他の場所や市外へ移転してしまった人も含めて）が集い、花見の宴を催したりするそうである。市役所でこの話を聞いたときは、ぴんとこなかったが、なるほど、ここにきてその様子が想像できた。住民がバラバラにならず、何人かが今もまとまって暮らし、昔の共同体を維持しているからこそ可能になっているのではないか。公園から見える東シナ海に沈みつつある夕日を遠くに見つつ、筆者らは調査地をあとにした。

　なお、この事例にも課題はある。跡地はほとんど無人化しているが、完全ではないため、道路をはじめとするインフラの撤収も十分とはいえない[*27]。完全な撤収は不可能としても検討の余地は大きい。跡利管理も十分とはいえないところがある。

6　平成の集落移転から学ぶ

　「生活のための移転」も「とにかくよくないもの」なのか。答えは「ノー」である。平成の集落移転は高く評価されていた。移転時にはいろいろな摩擦もあったであろうが、今も「本之牟礼」は健在である。

　その秘訣は何か。それは前述のような「先見の明」ではないか。集落移転を成功させるための秘訣は、「今はさておき、みんないつかは住むことができなくなる。それならバラバラになる前に、一気に引っ越そう」という思考を全員で共有することではないか。

　これからの時代は、住民全員が将来のことを冷静に考えることが、より重要になるであろう。研究者はその「きっかけ」をつくるべきである。ところがほとんどの場合、現実はその逆である。筆者が知るかぎり、むらづくりの研究者や専門家がもっとも感情的である。「心豊か」といえば聞こえはいいが、それが限度を超え、冷静さを失うようでは問題である。

（齋藤　晋）

謝辞：この調査では阿久根市の担当者、および本之牟礼地区から移転先の団地に移住した住民の協力を得た。記して厚くお礼申し上げる次第である。

第 **5** 章

積極的な撤退のラフスケッチ
生活編

現地であれ移転先であれ、共同体は
維持すべき（撮影：吉田桂子）

5・1
高齢者が安心して楽しく生活できる

「積極的な撤退」によって何がどうなるのか。もちろん、それは地域の実情によって異なる。とはいえ、それでは議論も進まない。特に「集落移転」はイメージすら難しい。そこで、ここでは集落移転の簡単なラフスケッチを示したい。むろん「積極的な撤退といえば、すべての集落が移転する」ということではない。以下の話は発展的な議論のための「たたき台」である。

1 集落移転（コミュニティ転居）で通院や買い物などが便利に

「積極的な撤退」では選択肢のひとつとして地方小都市への集落移転（コミュニティ転居）を考える。ただし「地方小都市」といっても、できれば「鉄道によって中規模以上の都市とつながっている地方小都市」が望ましい。もちろん高齢者の生活に配慮した住宅を準備する（4・3）。

移転後の生活は容易に想像できるであろう。通院や買い物などが便利になる。近距離移動のためのバスなども充実している。場所によっては、歩いて通院すること、歩いて商店に行くことも可能である。また鉄道を利用すれば、遠く離れた中規模以上の都市の大きな病院に行くこともできる（図1）。利便性の向上は折り紙付きである。

集落移転によって生活交通の問題（1・2）、生活交通についての漠然とした不

図1　通院や買い物が便利に

安（**1・3**）は消滅する。高齢により、技術的に・体力的に運転できなくなる日が来ても大丈夫である。息子・娘も安心するであろう。むしろ、本人より息子・娘の安心のほうが大きいかもしれない。

なお地方小都市には、田畑も比較的多く残っている。もとの過疎集落ほどではないが、ここもそれなりに、

図2 便数が少なくても鉄道は高齢者の長距離移動の頼もしい味方（石川県・能登鉄道穴水駅）

のどかな風景である。都市的、無機的な風景ばかりで精神的な健康を害することもないと思う。

鉄道のある地方小都市に移転することに対して、「鉄道がない地方小都市ではだめなのか」という意見があるかもしれない。「バスを利用して、遠く離れた中規模以上の都市の大きな病院に行くことができるなら同じことでは」とも思える。確かに集落移転によって、中規模以上の都市の大きな病院もだいぶ近くなる。しかし距離にもよるが、やはりバスは病気の高齢者にやさしい乗り物とはいえない[*1]。たとえ便数が少なくても、鉄道は高齢者の長距離移動の頼もしい味方である（図2）。絶対とまではいわないが、鉄道がある地方小都市への移転を強くおすすめしたい。

2 集落移転なら地縁・生活習慣も維持できる

集落移転により「生活の心配がないところへの移住が不可能な高齢者（**1・3**）」の生活を守ることができる。ただし、「その気になれば、いつでも都市部の息子・娘の家や施設に向かうことができる高齢者」の立場で考えると、これだけでは大きなメリットとはいえないかもしれない。

しかし、**1・3**や**4・2**で説明したように、行き先がばらばらの「これまでの離村」では、「地縁がつくる安心感」は失われる。その一方で、ひとつの集落の住民がまるまる1か所に移住する「集落移転」の場合は、「地縁がつくる安心感」も維持される（図3）。場所こそ違うが、集落移転では共同体も維持されるであろう。夢のような話かもしれないが、共同体が残っていれば、いつの日か再

地縁による安心感
（もとの集落）

「地縁による安心感」の喪失
（これまでの離村）

施設

息子・娘の家

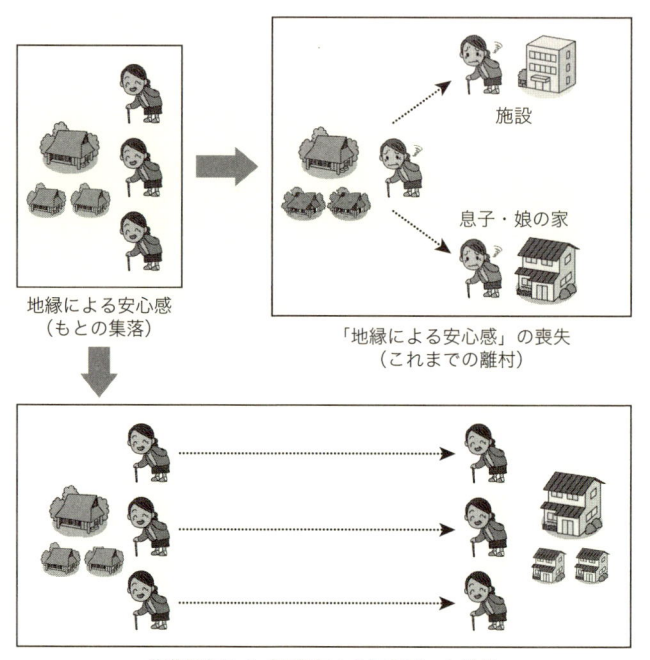

集落移転なら「地縁による安心感」も維持

図3　集落移転では、地縁がつくる安心感が維持される

びもとの場所で集落を立て直すことも不可能ではない。これは「その気になれば、いつでも都市部の息子・娘の家や施設に向かうことができる高齢者」にとっても、大きなメリットではないか。4・4でも集落移転による「地縁による安心感」の維持が地元住民から高く評価されたことを説明した。

さらに集落移転であれば、個々人の生活習慣の維持も不可能ではない。なにしろ「これまでの離村」と違って、周囲は同じ集落の住民ばかりである。話し合いひとつで、生活習慣のかなりの部分が維持できる可能性が高い。まわりには田畑もあるので、農村的な生活をある程度維持することもできる（後述）。ここでは息子・娘の都市的な生活習慣に合わせる必要もない。これも集落移転の非常に大きなメリットである。

3　移転後も農作業が可能

移転先で農作業ができなくなることを心配する高齢者もいるであろう。過疎

集落に住む高齢者にとって、自給のための農業は食糧確保の手段であり、同時に健康づくりの手段である。実際、農村の高齢者は年齢に対して驚くほど元気なことが多い（図4）。また、菜園は近所とのコミュニケーションの場でもある。圃場整備（田畑の区画整備など）では、集落直近の田畑を家庭菜園としてわざわざ残すこともある。

図4　農作業のおかげか農村の高齢者は驚くほど元気なことが多い

「積極的な撤退」では集落移転の移転先に家庭菜園を確保して、高齢者の農作業の機会を維持することを考える。地方小都市の家庭菜園であれば獣害の脅威も少ない。

農作業といえば、もとの集落に残してきた田畑や山林が気になる人も多いであろう。「積極的な撤退」では、それらを「新しい方法」で管理する。詳しくは6・1で説明する。

なお、跡地の家屋はなるべく撤去したほうがよい。人が住まなくなった家屋はあっという間に傷み、倒壊してしまう。

4　福祉サービスの一層の充実も可能

移転先で居住地がある程度集中すれば福祉サービスの効率も上がる。効率が上がるということは、その分、サービスが充実するということである。移転後のインフラの維持管理費などの削減で浮いたお金を、福祉サービスの充実に使うという手もある。

さらに一歩進んで、たとえば福祉施設と一体化した集合住宅をつくるという手はどうか。集落移転といえば「戸建ての新築」が定番であろうが、4・3で触れたように集合住宅も選択肢から外すべきでない。なお「集合住宅」といえば、コンクリートむき出しのアパート、緑色の屋根の古い長屋を連想する人もいるかもしれない。確かに好みがわかれるところである。しかし、これはデザインひとつで何とでもなることである。また「新築」にこだわる必要もない。バリ

アフリーなどの問題が解決できれば、既存の建物をいかすという手もある。建築費用が浮けば、その分、福祉サービスの一層の向上が可能になる。

5　移動する楽しみが増える・維持できる

　ある過疎集落で元気な高齢者から、「これからは都会暮らしも楽しんでみたい」という話を聞き、一瞬ショックを受けたことがある。そういえば「過疎集落の高齢者は都会がきらい」と一体誰が決めたか。たまには店をいろいろと回って、ショッピングを楽しみたいと思う高齢者がいても何ら不思議なことではない。その点、「鉄道によって中規模以上の都市とつながっている地方小都市」はとても有利な立地である。家庭菜園で農作業を楽しみながら、一方で都市に出てショッピングを楽しむこともできる。

　また、いくら農村の高齢者が元気といっても、いつかは足腰がわるくなり、もとの集落では行動範囲が極端に狭くなる。その一方で、地方小都市であれば、足腰がわるくなっても、車いすや電動カートを使って徒歩よりも遠くへ出かけることができる。地方小都市は、坂道が比較的少なく、道路も舗装されていることが多いため、車いすや電動カートの使用に適している（図5）。

6　住民共同活動で支援を受けることも

　1・3では過疎集落での住民共同活動が危機的であることを説明した。もとの過疎集落では、隣もまた過疎集落であることが多く、他の集落から支援を受けることはむずかしい。しかし、ここでは違う。隣はおそらくふつうの集落であり、支援を受けることができる。草刈りや雪かきなどについては平地であるた

足腰がわるくなると、行動範囲が極端に狭くなる

・車いすや電動カートを使って長い距離の移動を楽しむ
・たまには、鉄道で大都市へ

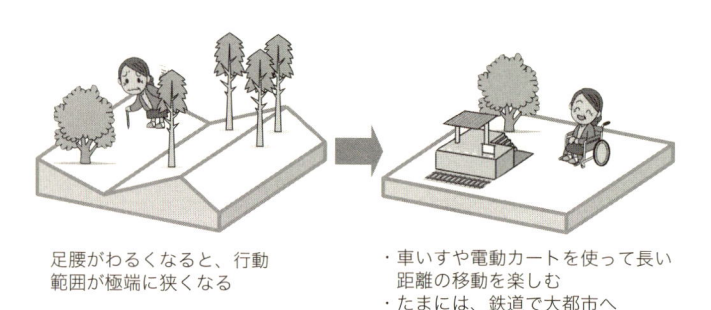

図5　足腰がわるくなっても、長い距離の移動が可能

め作業そのものが格段に楽になる。

7 息子・娘や孫と一緒に暮らすことも

　高齢者が息子・娘、孫と一緒に暮らすことは、農村的な精神や知恵の伝承において、非常に重要であると考える。単に「にぎやかになってよかった」以上の意味を持つ。

　3・1では、学校や小児科、産婦人科、産科の不足が若い世帯の農村移住の障壁になっていることを説明した。もとの過疎集落では、大都市に出て行った「息子・娘や孫」の世帯が（高齢者の家に）戻りたくても、それはむずかしい。しかし、ここでは違う。地方小都市であれば学校や病院も比較的充実しているため、戻ろうと思えば戻ることもできる。高齢者や子どもの通院の確保については、5・2で詳しく説明する。子どもの通院については非常に厳しいものがあり、さらに広域的な視点が必要になる。

　交通が不便な農村では、高校進学を機会に親元を離れる子どもが少なくない。実際、そのようなところに行くと、中学生以下は見かけるが、高校生はあまり見ない。しかし、ここでは違う。雪が降っても、定時にやってくる列車がものをいう。高校生になっても自宅からの通学が可能であろう。大都市の進学校に通うことも不可能ではない。過疎集落では若手がいなくて、いろいろな場で世代交代ができないという話をよく聞くが、ここなら世代交代も可能である。

（林　直樹）

5・2
救急医療から考える移転先

1 集落移転の移転先の「市・区」の人口を考える

　過疎集落ではなく「地方小都市」であれば、病院、商店、学校などへのアクセスがよく、高齢者や子どもも安心して暮らすことができる。ただし、「地方小

都市」にも大小がある。小さな病院（診療所）や商店、小中学校などは、小都市でも整備されているであろうが、夜間・休日の救急医療体制が整備されているとはいえない。本節では、救急医療施設へのアクセスからみた移転先の条件について述べる。

　今、地方では産科医・小児科医の不足が大きな問題となっている。産科に関しては、妊娠末期に大都市において下宿をして出産に臨むことも不可能ではない。離島部の妊婦が本土に下宿して出産する事例もあると聞いている。しかし、子どもの急変に際して近隣に救急医療機関がないことは、若い夫婦の定住をむずかしくさせている。

　まずは、小児科に限定せずに、救急医療（24時間365日体制の医療）を考える。移転先の近くに救急医療施設があったとしても、人口が少ないと、施設が消滅する危険性が高くなる。では、何人以上の「市・区」の救急医療施設の近くに移転すればよいのか（移転先は「市・区」とする）。

　「救急医療を行っている医療機関の数」と「『市・区』の人口」との間には強い相関がある。2005年の医療施設調査（厚生労働省）[*2]と同年の国勢調査（総務省）[*3]を使って関連を調べてみると、

$$(救急告示病院数) = 0.556 + (人口) \times (2.76/10万)、相関係数 0.800$$

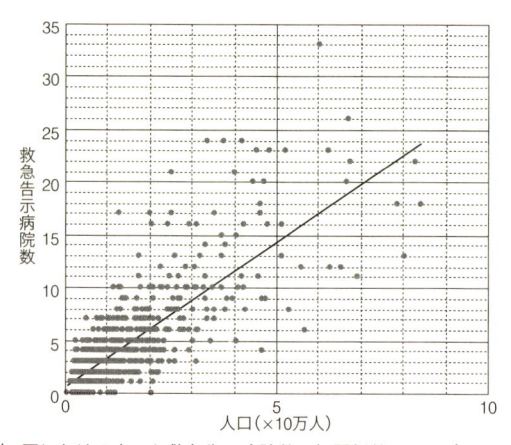

図6　各市・区における人口と救急告示病院数、相関係数 0.800（p = 0.000）
（救急告示病院数）= 0.556 +（人口）×（2.76/10万）
（出典：江原朗「地方都市の救急医療体制は崩壊しているのか—市・区の人口と救急告知病院数との相関」『医学のあゆみ』224、pp.649-650、2008）

という関係式が導き出される（図6）。「市・区」の人口を5万人としてみよう。そうすると、救急医療施設は、1.9か所（＝ 0.556 ＋ 5万×（2.76/10万））あることになる[*4]。人口5万人の「市・区」に救急医療施設がある場合、それが消滅する危険性はおそらく低い。余裕をみて人口5万人以上の「市・区」の救急医療施設の近くに移転すべきであろう。読者のみなさんも、救急医療施設がある人口5万人以上の「市・区」を探して、移転先をイメージしてほしい。

2　広域的な視点で移転先の立地条件を考える―小児科を起点に

(1) 小児科を起点に

とりあえず人口5万人の「市・区」の救急医療施設の周辺に移転するとして話を進める。大多数の住民はこれで安心であろう。次は小児科について考える。子どもが安心して生活するためには小児科の救急医療施設まで、すみやかに到達できることが不可欠である。

厚生科学研究費補助金（医療技術評価総合研究事業）の2001年度総括研究報告書（主任研究者＝田中哲郎・国立公衛生院母子保健学部長）[*5]によると、夜間の救急患者の5割は小児である。

(2) 小児科の病院勤務医は3.3人

人口5万人の「市・区」の救急医療施設に、いつも小児科医がいるとは限らない。では人口5万人の「市・区」に小児科医は何人ぐらいいるのか。昨今、地方で医師不足が社会問題化しているが、小児科に関しては小児人口と小児科医師数とは強い相関がみられる。小児人口が多ければ小児科医も多く、小児人口が少なければ小児科医も少ないということである。「小児科医（主たる診療科が小児科である医師）の数」[*6]と「『市・区』の15歳未満の人口」[*3]の関連を調べてみると、

（小児科医師数）＝－ 0.477 ＋（9.2/1万）×（15歳未満人口）、相関係数 0.762

とあらわされる。つまり小児人口が1万人増えるごとに、小児科医も9.2人増えると推測される。2005年の国勢調査では、人口の13.7%が15歳未満の小児である。よって、人口5万人の「市・区」には、小児科医が5.8人（＝－ 0.477 ＋ 9.2/1万× 13.7%× 5万）いることになる。

ただし、この5.8人には、病院の勤務医だけでなく、診療所の開業医も含まれている。単純に、「救急医療施設＝病院」とするなら、開業医は除かなければならない。2004年の医師歯科医師薬剤師調査[*6]によれば、小児科医14,677人中、病院勤務医は8,393人である。つまり小児科医の57％しか病院に勤務していないのである。よって、人口5万人の「市・区」には小児科の病院勤務医が3.3（＝5.8×57％）人しかいないことになる。

(3) 小児科の勤務医3.3人では不十分

では、その3.3人で十分か。つまり「いつ行っても救急医療施設に小児科医がいる」という状況を作り出すことができるか（「市・区」の小児科の勤務医がひとつの病院に集約されていると仮定する）。1人の小児科医がいれば、24時間365日の小児救急医療が成り立つわけではない。法定労働時間は週40時間であるから、週168時間（＝24時間×7日）を法定労働時間（週40時間）の医師の労働で賄うとすれば、1人の小児科医を病院に駐在させるだけで、4.2人（＝168時間÷40時間）の医師が必要となる。実際には、日中には外来、病棟の診療にあたる医師が必要であるから、10人程度の小児科医がいないと24時間365日の小児救急医療は提供できない。よって、3.3人では明らかに不十分である。人口5万人の「市・区」に、1か所の小児科の救急医療施設を求めることはあきらめるべきである。

(4) 時間外労働で何とかならないか

「医師に時間外労働をさせれば何とかならないか」という意見もあるかもしれない。しかし結論からいえばやはり無理である。週168時間（＝24時間×7日）を3.3人が担うとすれば、1人の医師が常駐するだけで、週50.9時間（＝168時間÷3.3人）の労働を余儀なくされる。実際には、日中に複数の医師が勤務する必要があるので、過労死の認定基準である月80時間の時間外労働、週の労働時間では58.7時間（＝（月80時間÷30日×7日）＋法定労働時間40時間）をはるかに上回る勤務が必要となる。これではとても持続的とはいえない。

しかし、現実には持続性のない勤務体制が敷かれている。小児科医師は多くの病院に分散しているので、病院1施設あたりの小児科医師数は、平均2人強[*2,6]しかいない。時間外・休日の当番が週に2から3回程度あたることになる。そして多くの場合、夜間の診療を行った翌日も通常勤務を行っている。32

時間（日中 8 時間＋夜間 16 時間＋翌日 8 時間）を超える連続勤務により、現在の小児救急は何とか維持されている。日本小児科学会の「小児医療改革説明資料（基礎データ）」[*7]によれば、病院に勤務する小児科医のほぼ半数において月超過労働時間が 80 時間を超える。

(5) 二次医療圏に注目

保健所の管轄地域とほぼ一致する二次医療圏という単位がある。全国を 400 弱の地域に分け、一般的な疾患の入院医療を完結させる地域とされている。全国総人口 1 億 2,000 万人を 400 で割ると、二次医療圏の人口規模は、平均で 30 万人となる。

国土は約 37 万 km^2 である。単純に 400 弱（の二次医療圏）で割れば、各二次医療圏の面積は、平均 1,000km^2 となる。正方形と考えれば一辺約 30km である。したがって、それぞれの二次医療圏に、1 か所の 24 時間 365 日体制の小児救急施設を設置、そこに小児科医師を集約すれば、圏内の子どもたちの多くは自動車でほぼ 1 時間以内に小児救急を提供する医療機関に到達することができる。

もちろん二次医療圏のなかには、非常に広いものもある。日本で最も広域である北海道の十勝二次医療圏では約 1 万 km^2 もある。そのような二次医療圏では、地元の医療機関で応急処置をする体制を築き、搬送体制を確保することで、手遅れとなる事例を最少にすることは可能であると考える。

とはいえ山間に存在する過疎集落の場合、条件がわるいと（たとえば豪雪など）、1 時間以内に到達できないところも少なくないであろう。地元の医療機関でさえも、すみやかに到達できるとは限らない。

(6) 広域的な視点で移転先の立地条件を考える

「二次医療圏に 1 か所の小児救急施設」となると、広域的な視点で移転先の立地条件を考える必要がある。移転先から、二次医療圏の中心的な病院までのルートを調べ、たとえば雪の日であっても、すみやかに移動できることが確認できれば、それで「子どもも安心して生活できる」としてはどうか。小さな子どもの場合は親も若い。高齢者と違って、自動車での移動を基本としてもよいと思う。

（江原　朗）

5・3 いつどこへ引っ越すのか

1 迅速な決断

5・1と5・2から高齢者の暮らしや救急医療施設を視野に入れた集落移転（コミュニティ転居）の「引っ越し先」をある程度イメージすることができたと思う。あとは「いつ引っ越すか」であろう。

集落移転にはかなりの年数がかかる。よって、とにかく迅速な決断が必要である。4・4で紹介した本之牟礼地区の場合、意思決定は早かったが、それでも完了まで約4年かかっている。意思決定に5年も6年もかかっていては、完了まで10年かかりかねない。その間に手遅れになる集落も少なくないはずである。

2 集落の将来を予想

「5年、10年先のことなどわからない」との声もあるかもしれないが、出生や転入が少ない過疎集落の場合、人口の予想は、それほどむずかしいことではない。ただし集落の住民が自らの手で予想する場合である。個々人の年齢に、5歳（10歳）を加えて、そのとき病気などで出て行くかもしれない人、生きていないかもしれない人を外すだけである。「生死を予想するなど不謹慎」との声もあろうが、これが一番わかりやすい方法といってよい。運転できる人がどのくらい残っているかなども非常に重要である。

なお65歳時点での平均余命（平均して何年生きるか）は、男性が18.13年、女性が23.19年である[*8]。あくまで「平均」であることに注意してほしい。また65歳時点での無障害平均余命（無障害である期間の平均）は、男性が12.64年、女性が15.63年である（2004年）[*9]。ただし「無障害平均余命」における「障害（のある人）」とは、「入院している者」「1月以上の就床者」「日常生活に影響のある者」である。

あと数年で無人化といった状況なら無理に集落移転に踏み切る必要はないか

もしれない。しかし、5〜10年後に大半が後期高齢者になるといった状況なら、できるだけ早く、地方小都市への集落移転に踏み切ることをおすすめしたい。

3　漸進的な集落移転

集落で実際に移転の話が出れば、この地に残るか、地方小都市に移転するかで意見がわかれるはずである。「折衷案はないのか」という話になるであろう。一気に地方小都市まで行かず、とりあえず少しだけ移転するという手（以下、漸進的な移転）もある。ただし、その分、インフラの維持管理費の削減（額）などは少なくなる（その分、財政にとってはマイナス）。したがって漸進的な移転は、財政にある程度余裕がある場合に限定される。また「少しだけ移転」ということになると、短期間のうちに再度移転という話になりかねない。そのような危険性も認識する必要がある。空間的にみた場合、漸進的な移転には、「集落内の移転」と「幹線道路への移転」などがある。

（1）集落内の移転

「集落内の移転」とは、集落のなかで最も立地がよいところ、たとえば幹線道路に近いところに全員が集まることである（図7）。ただし集合先の家屋と幹線道路を結ぶ公共交通が充実していること（たとえば、バス停が近くにあるなど）が条件であり、さらに地方小都市の鉄道駅までのアクセスがよいことが望ましい。

集合先に新しい一軒家や集合住宅をつくるという方法もあるが、すでにある家屋に集まる方法もある。都市に比べると農村の家屋は広い。5〜6人は住む

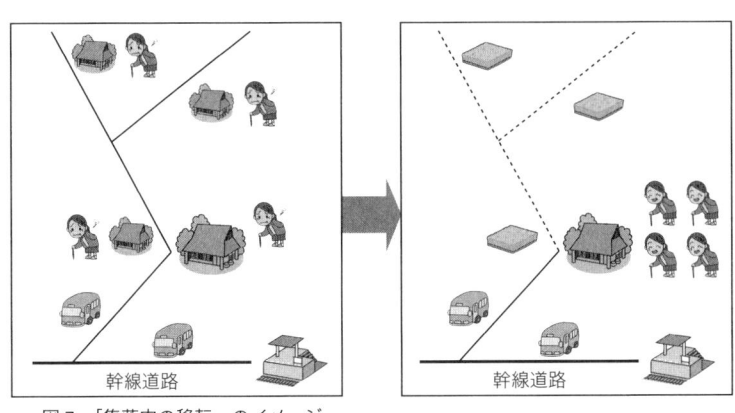

図7　「集落内の移転」のイメージ

ことができるような広い家に1人しか住んでいないことも少なくない。そのような家屋に集まるのである。

　この場合、5・1で紹介したメリットのすべてを享受することはできない。「地縁・生活習慣の維持」「福祉サービスの一層の充実」などに限られる。しかし何より、「集落内の移転」は手軽である。これが最大のメリットであろう。雪かきなどの負担は、即座に軽くなる。実際、著者らが調査した集落では、「集落内の移転」に相当するものを自主的に検討しているところがあった。

　なお、平場の集落に比べると、山間の集落は非常に広い。4・4で紹介した「本之牟礼地区」は、南北に約1km、東西に0.8kmの広がりをもつ。集落内のインフラを減らすだけでも維持管理費はかなり削ることができるはずである。たとえば集落内の道路を2km分あきらめた場合、雪国（雪寒費あり）であれば年間180万円の維持管理費を削ることができる[*10]。30年であれば5,400万円である。水道なども含めれば、かなりの額になるであろう。

　「集落内の移転」に近いものとして、北海道旭川市西神楽地域の冬期集住[*11]をあげることができる。あくまで試行であるが、除雪からの解放などが高く評価されているようである。

(2) 幹線道路への移転

　「幹線道路への移転」とは、最寄りの幹線道路のどこかに移転することである（図8）。集落が幹線道路から離れている場合に効果的である。地図をながめているだけではわかりにくいが、実際に過疎集落に向かう場合、幹線道路から枝道に入るまではすぐで、枝道に入ってからが長い。急な坂道、きついカーブが

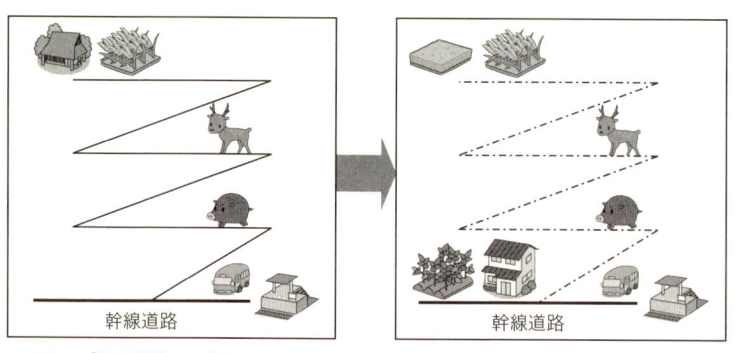

図8　「幹線道路への移転」のイメージ

続く（図9）。夜間であれば、シカなどにかなりの確率で出会う。山から落ちてきた石、風で倒れた木が路上に転がっていることも少なくない。行き先が、はじめて訪問する集落の場合、あまりの険しさに「この先に集落があるのか」と疑問に感じることさえある。幹線道路に移転するだけでもメリットは大きいであろう。

図9　急な坂道にきついカーブが続く

ただし「集落内の移転」と同様、移転先から地方小都市の鉄道駅に至るまでの公共交通が充実していることが望ましい。

　この場合のメリットは、「集落内の移転」よりも、はるかに大きい。さすがに歩いて通院などは不可能であろうが、5・1で紹介したメリットの大半を享受することができる。

　「幹線道路への移転」には別のメリットもある。高齢者が大多数を占める過疎集落の場合、跡地（農地など）の管理は集落外の農業生産組織などにまかせたほうがよい。しかし若手が残っている場合は、移転した住民の手で跡地を管理するという手もあり、その場合、むしろ「幹線道路への移転」のほうが望ましい。通勤耕作などには便利である。なお、もとの場所で農林業を続けるかどうかにかかわらず、移転先には自給用の家庭菜園を準備したい。「自給用の小規模な農業を続けたい」という意向には応える。

　話は少し変わるが、跡地の管理に対して、「それではインフラの撤収ができない」という財政面からの批判もある。しかし完全な撤収は無理でも、ある程度の簡素化は可能である。たとえば冬期の除雪が不要になるだけでも財政負担軽減の効果は大きい。

　そのほかにも旧市区町村の中心地に移転、鉄道駅のない地方小都市に移転など、いろいろな選択肢が考えられる。それぞれの地域と集落の事情を反映させる余地はいくらでもある。

（3）冬期移住を経由しての集落移転

　時間的な意味での「漸進的な移転」もある。最も代表的なものが「冬期移住

を経由しての集落移転」であろう。雪がつもる時期だけ、平場などに集まって住み、移転先に慣れた人から完全に（冬期以外も）移住することである（図10）。後述の過疎地域集落再編整備事業にも、漸進的な集落移転を誘導するための季節居住団地を造成するという選択肢がある。豪雪地帯の雪かきは過酷である。それから解放されるだけでもメリットは大きい。

集落移転は「同時に」「同じ場所へ」が原則である。しかし、この場合は、慣れた人から完全に移住するので、「同じ場所へ」だけであり、変則的である。「慣れた人から移住」は聞こえもよい。しかし「同時に」ではない変則的な集落移転は、ある危険性を伴う。それは「さしあたって移転しないことを選んだ人」から「当地の過疎を促進して、集落を崩壊に導いた」と評価される危険性である。個々の住民の理解と納得が不十分なまま、「冬期移住を経由しての集落移転」に踏みきることは絶対に避けるべきである。

なお、冬期移住を経由せず、移転先だけ共通にして、移転したい人から移転

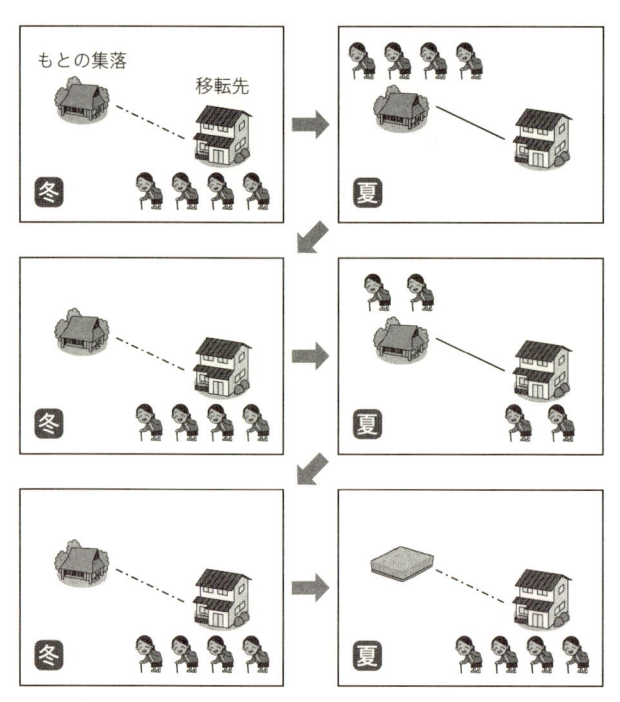

図10　冬期移住を経由しての集落移転

するという手もあるが、その場合も、残った人から「当地の過疎を促進して、集落を崩壊に導いた」と評価されないように、十分な意思疎通と合意形成が求められる。

話は戻るが、「冬期移住を経由しての集落移転」のデメリットはほかにもある。完全に移住するまで、夏用、冬用と2つの住宅を維持しなければならない。これは大きな負担になる。移転先は集合住宅にするなど、負担軽減の工夫が求められる。冬の間に雪で（もとの集落の）家屋などが倒壊する心配もある。ここでは触れないが、その点についても対策が必要になる可能性が高い。

4 過疎地域集落再編整備事業

集落移転においては過疎地域集落再編整備事業[*12]の補助金が心強い味方になるであろう。国からの補助金である。4・4で紹介した本之牟礼地区の集落移転の事例でも、この補助金が活躍している。とはいえ、この事業の場合、個人の負担が0円になることはない。移転先で住宅を購入する場合の購入費用は、あくまで住民の負担である。ただし移転者は「移転の円滑化に要する経費」「移転先住宅建設等助成費（利子補給金）」を受け取ることができる。宅地の取得費については市町村が造成した土地を無償または著しく低い対価で貸し付けることで、かなり軽減できる。その場合は市町村に対し団地造成への補助が出る。個人の負担は、何の支援もなく散発的に移転する場合よりも、かなり安価になるであろう。

この事業には移転戸数に関する条件がある。「集落移転」の場合、移転戸数はおおむね5戸以上（「へき地点在住居移転タイプ」の場合は3戸以上）である。よって、この補助金を活用するなら、早めの決断が望ましい。なお季節居住団地整備の場合は、「3戸以上」である。

そのほか防災集団移転促進事業（国の補助、補助率4分の3）、がけ地近接等危険住宅移転事業なども集落移転で役立つ可能性がある。共同研究会「撤退の農村計画」では、今後、これらの制度の拡充を求める予定である。

（林　直樹）

5・4
あえて引っ越ししない「種火集落」で山あいの文化を守る

1 「種火集落」とは

　4・1でも少し説明したが、条件が非常に厳しいところにある「すべての過疎集落」が移転すると、山あいの文化、それによって成立していた二次的自然は消滅する。すべての過疎集落が移転することはないと思うが、集落が少なくなった地域であれば、ありえないことではない。

　「積極的な撤退」では、少数の過疎集落については、不利を承知で、現在の場所にとどまってもらい、山あいの文化（や二次的自然）を守ってもらう（育ててもらう）ことを考える。むろん一定の支援が不可欠である。我々の研究会では、この集落のことを「種火集落」と呼んでいる。

　これは博物館的な「凍結保存」とはことなる。文化を実践で守り、発展させるというダイナミックなものである。「残る（ことができる）ところが残る。それでよいのでは」という意見もあるかもしれない。しかし、それでは条件が恵まれたところだけが残り、山あいから平場にかけての文化の多様性は失われる。多様な文化を守るためには、広域的な視点が必要である。

　将来、石油や食料の輸入がストップしたとき、日本の山野の恵みを持続的に利用する技術などが残っていれば、それをもとに、すばやく生活を立て直すことができる。種火集落の種火は、山あいの文化の種火である。ただし、個々の集落の文化に優劣をつけるということではない。そもそも文化に優劣をつけることは不可能である。

　「『種火』を残す意義はわかったが、それなら集落単位ではなく個人単位でもよいのでは」という意見もあるかもしれない。しかし引き継ぐべき文化のなかには、「集団で」を前提とするものもある。個人単位では、それを引き継ぐことができない。「個人で」を前提とするものであっても、それを引き継ぐためには、周囲の理解と協力が不可欠であり、個人単位はいささか不利である。さらに個

人単位では、何かのアクシデントで、いとも簡単にとだえることがある。

2　どうやって「種火」を残すのか

　「種火」を守るためには、文化の担い手の世代交代が可能であること、つまり、「持続可能」であることが最も重要である。どれだけにぎやかでも、世代交代ができないなら、そこは種火集落にはならない。

　これまでは、昔から集落で生活してきた地元住民が代々文化を引き継ぐ仕組みがあった。つまり、血縁による世代交代である。ただし、価値観が多様化した現代にあって、その仕組みは実質的に崩壊している。この制度を復活させることは、おそらく無理であろう。

　一方、最近では、30代くらいの若い世代や団塊の世代が田舎暮らしにあこがれて移住するケースが増えている。種火集落を維持するためは、彼らの協力も必要である。「積極的な撤退」では、「文化の『次の』担い手」を集落内だけでなく、集落外にも求める。とはいえ地元住民に退場を求めるという意味ではない。また血縁による世代交代も否定しない。

　「どの集落の文化も等しく大切だから、すべてを種火集落とし、すべてを守るべき」では話は振り出しに戻ってしまう（もっともこの節を最後まで読めば、すべてを種火集落にすることは不可能と感じるはず）。種火集落は少数にしぼることが肝要である。たとえば、10人の移住者がいても、10の集落に分散したのでは、世代交代はおぼつかない。10人が1つか2つの集落に集中するほうが圧倒的に有利である。「種火」の第一の目標は、「確実に継続すること」であり、網羅的であることは二の次である。

　なお、これからは単に伝統文化を守るだけでなく、それを受け入れながら、積極的に現代風にアレンジ、あるいは現代の技術と融合させるような「進取の気性に富んだ集落」がもっと必要である。その程度によっては、「種火集落」の範ちゅうから外れてしまうかもしれないが、このような集落を応援する仕組みも必要である。

（林　直樹）

3 「種火集落」の住民に求められるもの

「種火集落」の住民に最も求められるのは、「地域の代表として、地域固有の文化を守る」という使命を自覚・共有して、実践することである。これは移住者であろうと地元住民であろうと関係なく求められる。住民の間に「壁」があると、使命に対する一体感が生まれない。

たとえば、「移住者」イコール「お客さん」という考え方は、住民の間に「壁」を築く。この考え方は、移住者には甘えを、地元住民には驕りをもたらす。移住者は、「田舎暮らしを満喫できればいい」とか、「(単純に)〇〇はすばらしい」という表面的なことしか考えず、あとは地元住民任せにしてしまう。一方で、地元住民は、移住者を「自分たちをフォローする人」[13]としかみなさない。

「不耕起栽培と称して田をほとんど管理しないため、雑草が伸びてしまって周りの田に悪影響を及ぼした」[14]「何か新しい活動をしようとしたら、強力な反対にあい結局できなかった」[15]といったトラブルは、「壁」がもたらした「結果」である。

「壁」が残ったまま、集落での生活に見切りをつけた移住者が離村すると、彼らは地元住民を「最低だ」と評価するかもしれない。一方、地元住民の側も放棄された農地と家屋を見て、「受け入れるのではなかった」と後悔する。

このような「壁」は、移住者同士、地元住民同士にできることもある。では、すべての「壁」をできる限り取り払い、使命を共有するためには何が必要なのか。自らも移住者である「とわだリターンプロジェクト」[16]の吉田桂子氏によると、最も必要なものは「コミュニケーション」であるという。これは「相手の話のなかから相手の心を読み取り、自分が相手を認めていることを相手にわかるように伝えること」だという。単にあいさつを交わしたり、世間話をしたりなど、会話のやり取りを指すものではない。

4 「種火集落」の組織に求められるもの

「種火」を守るためには、まずは個々人が住民としてその使命を自覚し、実践することが大切である。ただし、「集団で」となると、住民をまとめ、集団として使命を遂行するための組織が必要である。

そこで、「種火集落」の組織運営には、3点ほど工夫が必要になる。第一に、組織の主要な役職には、地元住民も移住者も区別なく就けるようにすることである。従来のように、地元住民が主要な役職を独占するようでは、住民の間に使命に対する一体感が生まれにくい。

第二に、組織のリーダーは、集落のビジョンを提示し、住民にビジョンを共有してもらい、ビジョンに基づいて活動してもらうように説得することである。従来のように、地元住民が暗黙の了解でビジョンの共有を済ませるようでは、移住者にはビジョンはまったく伝わらない。組織変革を軌道に乗せたリーダーは、ビジョンを示してフォロワーを結束させているという[17]。「種火集落」のリーダーもビジョンを明確に示すほうが、移住者をはじめとする協力者の理解を得やすく、使命の遂行に向けて一体感を生み出しやすい。

もっとも、単にビジョンだけ示せばよいというものではない。ビジョンの内容や活動について、住民から様々な意見や不満は当然出てくるし、それはリーダーに直接ぶつけられるであろう。リーダーはこうした意見や不満を処理しながら、住民を「種火集落」の使命の遂行に方向づけるのである。

第三に「補佐役」を組織内に置くことである。使命の遂行がある程度軌道に乗ると、集落住民だけでなく、行政や研究者、市民団体など、外部の様々な専門家が関わるようになる。彼ら集落外部の人間もビジョンに従って組織化する必要がある。その過程では各方面から意見や不満もあがるであろう。しかし、リーダー一人で彼らの意見や不満を処理することは不可能である。

そこで、リーダーの代わりに、集落住民や専門家の意見や不満を引き受けて、内容を要約したあとに、リーダーに伝える人が必要である。これが補佐役であ

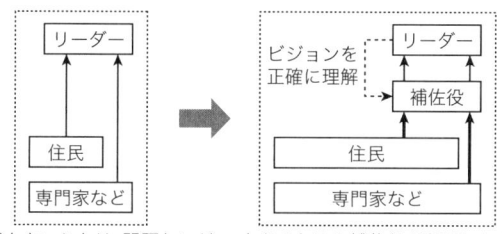

図11 「種火集落」における「補佐役」

る。もちろん、要約するためには、リーダーのビジョンを正確に理解している必要がある（図11）。

　先の吉田氏によると、「補佐役」の適性を持つ人材は、少し大げさな表現ではあるが、思想的に「白紙」の人でなければ務まらないということである。どのような人にも先入観なく対応することが求められるからであるが、それができる人材はなかなか見つからないということである。

　なお、役職ではないが、「種火集落」の組織には、実社会で経験を積んだ人が必要である。「経験」の内容は何もむらづくりやまちづくりに限定されるものではない。むしろ、普通の会社勤めなどで経験を積んだ人たちが貴重な戦力となる。たとえば、後述する移住希望者を審査するときには、人事の経験がものをいうし、新規移住者を育てるときには、社員教育などの経験が大いに役に立つ。また、集落の活動をホームページなどで公表するときには、ホームページの制作技術や編集技術などの経験が活用できる。ちなみに、吉田氏によれば、組織の「事務」ができる人材は意外に少ないそうである。

5　「種火集落」の住民に「なってもらう」には

　「種火集落」を維持するために、遅かれ早かれ、移住者の協力が必要になる。そのために必要なことは、移住希望者を選び、新規移住者を「種火集落」の住民として育てることである。

(1) 移住希望者を選ぶ

　近年は、田舎で暮らしたいという移住希望者が多いこともあり、行政や商工会、農協などが移住希望者と移住受け入れ先とのマッチングを行っているところが見られる[18]。移住希望者を集めるルートはいくつもあったほうがよい。ただし、集まってきた移住希望者を「種火集落」に受け入れるかどうかは、必ず住民自身で審査して決定すべきである。

　先ほどの吉田氏によると、近年の移住者には、「集落で生活できないのでは」と思われる人が多いという。他の住民と協力して何かをやることがむずかしい人や、一方的に自分の言い分だけを述べて相手の話を聞かない人が増えているということである。これでは、それなりの覚悟が求められる「種火集落」の一員となることは不可能である。

審査をするときは、面接だけではなく、実際に集落での生活を体験してもらうとよい。生活の様子を見ることで、希望者の住民としての適性を判断できるからである。30年以上移住者を受け入れている実績のある和歌山県那智勝浦町色川では、面接に加えて、集落での生活を希望者に体験してもらっている[*19]。色川では、2泊3日の田舎体験と5泊6日の定住体験の2つを準備している。

　なお、移住者のいない段階では、地元住民だけで移住希望者の適性判断を行うことになるが、ある程度移住者が増えたら、先輩移住者にも、適性判断に加わってもらう。先の色川では、先輩移住者が移住希望者の適性を判断している。

(2) 新規移住者を研修する

　新規移住者を受け入れたら、「種火集落」の一員になることができるように、「研修」に参加してもらう。集落の様々なルールはもちろん、地元住民の持つ生活の知恵や農作業の技術などを学んでもらうための研修が必要である。研修の期間中は、新規移住者には最低1人、チューターとして、地元住民か先輩移住者がついて、気軽に相談できる環境をつくる。この期間中は、伝える側も受け取る側も、単なる技術の伝承にとどまるのではなく、日常的な接触のなかで、「コミュニケーション」を実践することが求められる。

　先に述べた色川では、「百姓養成塾」という組織を立ち上げ、塾生が共同生活を送りながら、地元住民から生活の知恵や農作業の技術、山林の管理などを学ぶ機会を設けている[*19]。

　こうして、研修を終えた新規移住者には、集落の意思決定の場に参加してもらう。地元住民や先輩移住者は、新規移住者に対して少しずつ権限を移譲し、同じ仲間として承認していることを示す必要がある。

6　成果を発表する

　「種火集落」の住民には、「厳しい財政難の中で、その使命に賛同して、支援を行っている国民」に対して、「成果」を広く人々に報告することも求められる。たとえば、週末に人々を集落に招いて、集落の生活を体験してもらってもよいし、都市部にアンテナショップを設けて特産品を販売してもよいだろう。また、近年普及しているブログを使って、歳時記を発信するという方法もある。

　インターネットなどの情報基盤の整備が遅れていたこともあるが、これまで

情報発信は、あまり重視されてこなかった。それがかえって、秘境性という価値を高めたという側面もある。しかし、これからは、さらなる賛同を得るためにも、支援の成果を積極的に発信したほうがよい。成果を目にした人々のなかから、「種火集落」の住民になる人も出てくるかもしれない。

　「種火集落」の住民も、外からの評価を受けることで刺激を受け、自分たちの活動に「誇り」を持つことができる。ただし、あまり外部の人々を意識してしまうと、「種火集落」の使命がおろそかになることもあるので、バランス感覚が重要である。

（前川　英城）

第 6 章
積極的な撤退のラフスケッチ
土地編

棚田跡地で放牧。いざというときには
すぐに水田に（撮影：大西郁）

6・1
土地などの所有権・利用権を整理

1　「積極的な撤退」と跡地利用

「積極的な撤退」では、4・1で述べられているように、従来型の農林業を継続するところに絞って、人手やお金を集中する。それ以外については、原則として、「管理の粗放化」か「自然に戻す」のどちらかを選ぶ（ピンポイント的には公園化なども）。本章では、これからの議論のたたき台として、そのラフスケッチを提供したい。道路などのインフラ管理の簡素化・撤去の効果などについても説明する。

2　土地などに関する権利

ラフスケッチといっても、本節の話題は目に見えるものではない。農地などの利用転換に際して問題となる土地などの権利の話である。一口に「権利」といっても、集落の宅地や農地、山林には所有権、利用権、抵当権など、様々な権利が存在する。所有権だけが設定されている場合もあれば、様々な権利が複雑に絡み合っている場合も多い。ここでは、その中でも所有権と利用権（地上権や賃借権など）を中心に話を進める。

所有権は言うまでもなく、特定の土地や物を全面的に支配する権利[*1]で、民法は「所有者は、法令の制限内において、自由にその所有物の使用、収益及び処分をする権利を有する」と定めている（第二百六条）。

一方、利用権については、一般に地上権（第二百六十五条）や永小作権（第二百七十条）、地役権（第二百八十条）、賃借権（第六百一条）などがあり、林野については慣習による入会権が設定されている場合もある。中でも多く見られる宅地や農地の賃借権について、民法は「賃貸借は、当事者の一方がある物の使用及び収益を相手方にさせることを約し、相手方がこれに対してその賃料を支払うことを約することによって、その効力を生ずる」と定めている。

これらの権利を有していないと、基本的にその土地や家屋を利用することも管理することもできない。

過疎集落で問題となっているのは、**1・1**で述べられているように、所有者がわからない土地が存在することである。過疎集落では、かつて土地や家屋を所有していた住民が売却などをせずに集落外に移転して、連絡が取れなくなってしまうことや、所有者が高齢で亡くなったあとに相続人が所有権の登記を行わずに何代にもわたって放置されている状況が多く見られるようになってきた。何代も前の先祖の土地となると、都会に住む現在の子孫は自分に相続すべき土地があることさえ知らないことも多く、その土地が所在する地方自治体も相続人を追跡しきれないことが多い。

3　新たな権利が設定できない

すでに述べたように、所有権は、特定の土地を全面的に支配する権利であり、ある土地に賃借権などの利用権を設定しようとする場合、所有者がその土地の使用について相手方と約しなければならない。ところが、相続などが発生する中で、所有権が放置され、真の所有者が誰だかわからなくなってしまった状態では、たとえば耕作放棄地を新たに借り受けて農業を始めることも、宅地を借りて新たに家を建てて住むこともままならない。

このように所有者が誰だかわからず、新たな権利を設定できない土地は、鳥獣害などで周辺の住民や農地に悪影響を及ぼすことがあっても、所有者に管理を要請することもできず、かといって周辺の住民が手出しをすることもむずかしいことから荒れ放題になってしまう。

また本書が提案する「積極的な撤退」にあたって、たとえば農地をまとめて放牧地として利用すること（**6・2**参照）や山林に帰して管理していくこともむずかしい。

4　民法の「事務管理」とその改善

このような荒れ果てた土地や家屋を所有者以外の他人が管理する方法のひとつとして、民法の「事務管理」という制度の活用が考えられる（第六百九十七条〜第七百二条）。この制度の基本的な発想は「他人の事務を管理する義務はな

いが、ひとたび他人の事務の管理を始めた以上は、依頼された場合と同様に責任を持って事務にあたらなければならない。その代わり、その費用は償還される」*2 というもので、所有者の了解がなくとも管理を行うことができる。「事務管理」の概要は、次のとおりである。
①事務管理は、義務のない管理者が他人のためにその事務を管理する。
②本人の利益に最も適合する方法で、また、本人の意思がわかるときや推測できるときは、その意思に従って管理しなければならない。
③管理者は、本人のために有益な費用を支出したときは、その費用を請求することができる。
④管理者は、本人又はその相続人などが管理できるようになるまで事務管理を継続しなければならない。

この制度を活用することで、所有者のわからなくなった土地や家屋を周辺の住民が管理することが可能になるが、それはあくまでも現状を維持するものであって、その土地や家屋を積極的に利用することはできない。また所有者や相続人が行方不明で費用の請求ができない場合に、管理に要する費用をどのように捻出するかといった課題や、いったん管理を始めると途中でやめることができないといった課題がある。

今後、過疎集落における土地や家屋の管理を考えていく場合、たとえば次のような制度の改善が必要になってくるのではないだろうか。
①「本人などが管理できるようになるまで」にはこだわらず、状況に応じて、期間を設定できるようにする。
②周辺の住民が協力して所有者のわからなくなった土地や家屋を管理できるようにする。
③極端な改築などを伴わない範囲で土地や家屋を賃貸すること、又は山林から産出される間伐材や山菜などを販売することで、管理に必要な費用を捻出できるようにする。

5　農地法などの改正に注目

こうした中、農地に関しては、2009年6月、農地法や農業振興地域の整備に関する法律などが改正された。その目的は「国民に対する食料の安定供給を確

表1　農地法等の一部を改正する法律（平成二十一年法律第五十七号）（抄）

(遊休農地である旨の通知等)
第三十二条　農業委員会は、次の各号のいずれかに該当する場合は、農林水産省令で定めるところにより、当該農地の所有者に対し、当該農地が遊休農地である旨及び当該農地が第三十条第三項各号のいずれに該当するかの別を通知するものとする。ただし、過失がなくて通知を受けるべき遊休農地の所有者を確知することができないときは、その旨を公告するものとする。
一〜三　（略）

(所有者等を確知することができない場合における遊休農地の利用)
第四十三条　第三十二条ただし書の規定による公告に係る遊休農地（第三十条第三項第一号に該当する農地であって、当該遊休農地の所有者等に対し第三十二条の規定による通知がされなかつたものに限る。）を利用する権利の設定を希望する農地保有合理化法人等は、当該公告があつた日から起算して六月以内に、農林水産省令で定めるところにより、都道府県知事に対し、当該遊休農地を利用する権利の設定に関し裁定を申請することができる。
2、3　（略）
4　第一項の裁定について前項の規定による公告があつたときは、当該裁定の定めるところにより、当該裁定の申請をした者は、当該遊休農地を利用する権利を取得する。
5　第一項の裁定の申請をした者は、当該裁定において定められた当該遊休農地を利用する権利の始期までに、当該裁定において定められた補償金を当該遊休農地の所有者等のために供託しなければならない。
6、7　（略）

保するため、将来にわたって国内の農業生産の基盤である農地を確保し、その有効利用を図る」というもので[*3]、ポイントは次のとおりである。

①農地の転用規制の厳格化
②農用地区域内の農地の確保
③農地の権利を有する者の責務の明確化
④農地を利用する者の確保・拡大
⑤農地の面的集積の促進
⑥遊休農地対策の強化

　特に⑥の遊休農地対策の強化には、所有者がわからなくとも知事の裁定により利用権の設定が可能になるという規定が盛り込まれ、これまでの遊休農地対策から一歩踏み出すものとして注目される（表1）。
　表1に示した規定を分かりやすくフローにすると、表2のような流れになる。
　このように、これまで所有者がわからず、手を付けられなかった農地について利用権の設定ができるようになることは、経営規模の拡大といった農業経営上のメリットだけでなく、荒れるにまかせていた農地を適正に管理するうえでも非常に画期的なことであり、過疎集落とその周辺における土地利用の整序化

表2 所有者が不明の遊休農地の利用の流れ

```
①農業委員会がある農地について遊休農地であることを公告
  ↓
②農地保有合理化法人などがその遊休農地を利用したい旨を都道府県知事に申請
  ↓
③都道府県知事がその遊休農地を利用する権利について裁定
  ↓
④農地保有合理化法人などがその遊休農地を利用する権利を取得
  ↓
⑤農地保有合理化法人などが補償金を供託
  ↓
⑥実際に農地を利用して耕作
```

や遊休農地の解消につながることが期待される。

6 森林の管理の改善

　遊休農地の利活用については、一定の法整備がなされたが、森林の管理についてはどうだろうか。これについては森林法が次のように定めている。

①市町村長は、森林の所有者などが市町村森林計画を遵守していない場合に、計画に従って施業するように勧告することができる（第十条の十第一項）。

②市町村長は、間伐などの実施の勧告を受けた者が従わないとき、又は従う見込みがないと認められるときは、その森林若しくは森林の立木について、所有権の移転や収益を目的とする権利の設定を行うこと、施業に関する委託を受けようとする者との協議を行うことを勧告できる（同条第二項）。

③協議がまとまらないとき、そもそも協議ができないときには、都道府県知事による調停が行われ（第十条の十一）、なおも所有者が調停案を受諾しない場合は、市町村や森林組合などを相手方として分収育林契約（ある土地における造林について、その土地の「所有者」、所有者以外の者で造林を行う「造林者」、所有者及び造林者以外の者で造林に必要な費用を負担する「造林費負担者」の三者又は二者で結ぶ契約）を締結するための裁定を申請することができる（第十条の十一の二）。

　これにより、適切な管理がなされていない森林について一定の管理が確保できるが、実際の契約にあたってはハードルが高い。具体的には、土砂の流出や

崩壊などの災害が発生するおそれがあること、あるいは水源の涵養機能に著しい支障を及ぼすおそれがあることなどの要件に該当しなければならないからで、まずは、このハードルを低くする必要がある。

また、所有者の行方がわからない場合には勧告なども行えない。改正後の農地法と同様、所有者の行方がわからない場合、公告により手続を進めることができるようにすべきと考える。

ただ、森林の場合、植林をして収益が上がるまで長い年月がかかるため、それまでの管理費用などをどのように捻出するかといった課題もある。

7　有効な土地利用に向けて

所有権・利用権の整理は、ときには数代にわたってさかのぼる調査や、複数の相続人との調整が必要となるなど、地道な作業が求められる。特に相続が関係する場合、「寝た子を起こす」ことで相続人間の利害の対立に巻き込まれると調整者は非常な苦労を強いられかねず、できれば避けて通りたいところかもしれない。

しかし適切な国土利用の在り方を考えていくうえで、権利関係の整理を抜きにすることはできない。4・3でも少し触れたが、整理にあたっては、移転跡地の国有化なども検討すべきであろう。たとえば国や都道府県が地方小都市に移転先の土地を確保し、その土地と移転跡地の権利を交換するという方法はどうか。緑農住区開発関連土地基盤整備事業などが参考になるはずである。

所有権・利用権の整理というと「企業や富裕層が土地を買い占めて、自然を食い物にするのでは」と懸念する人がいるかもしれない。だからこそ、今のうちから規制も含めた土地利用のあり方を議論し、国民の納得を得ることができる将来像を示すことが急務である。ぜひ次節以降のラフスケッチをたたき台として議論を進めてほしい。

(村上　徹也)

なお、本稿で示された見解は筆者個人のものであり、農林水産省のものではありません。

6・2
田畑管理の粗放化

1 田畑の管理の切り替え

田畑の管理の大胆な切り替えは、コンパクトシティにはない「積極的な撤退」の大きな特徴である。「積極的な撤退」では、従来型の農林業を継続するところを絞って、人手やお金を集中する。そして、それ以外については、原則として、「管理の粗放化」か「自然に戻す」のどちらかを選ぶ（ピンポイント的には公園化なども）。これを田畑に当てはめると、図1のようになる。

耕作放棄地を中心に獣害が増え、集落（土地）全体が荒れる。これに対し、次の3つの方針を提案したい。

①人手やお金の集中により、田畑として長期間維持できるものは、田畑として利用する。②田畑としては維持できない場合は、放牧などに切り替えて管理を粗放化する。③管理の粗放化もできない場合は、土砂災害などに配慮しながら森林に戻す。放牧地については、「意外」と思われた方が多いかもしれない。本節では放牧による田畑管理の粗放化について説明する。

2 牛と人の関係

牛は、四半世紀前まで私たちの労働力の助人として、「役牛」と呼ばれ飼われていた。明治時代以降は食肉としての用途もあったが、戦後しばらくまで、やはり「役牛」としての役割を果してきた。当時は、田の畔道や草原、川の土手

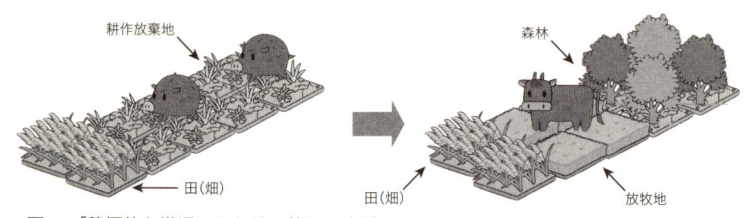

図1 「積極的な撤退」における管理の方針（作成：林直樹）

に牛を放牧し[*4,5]、雑草を採食させていた。人々にとって重労働となる草管理を十分にこなしながら、牛らは自身のお腹を満たしていた。それ以外にも、運搬の労力として使用したり糞尿を肥料として使用したり、長い間、牛と人は密接な関係にあったといえる。

しかし、四半世紀で人と牛の密接な関係が急速に薄れた。要因のひとつは、農業の機械化とエネルギー革命（耕運機や運搬機などの普及）である。肥料が家畜の糞尿から、化石肥料へ移行したこともある。2つ目は政策による耕作農家と畜産農家の分割、さらに肉牛と乳牛に役割が分担され、畜舎に閉じ込められるようになると「役牛」の役割を終えた。

3 耕作放棄地へ放牧が導入された背景

耕作を放棄した田畑は、間もなくススキやササ、灌木類が侵入し、農地としての機能を果たさなくなってしまう（図2）。一旦、原野化した農地を復元させることは、短期的には無理がある。それに加え耕作放棄地が増えることで、獣害による作物被害も増大し、集落では生産意欲や管理意欲の衰退が生じる[*6]。さらには、高齢化や就農人口の減少などによる「あきらめ」の連鎖が進んでしまう[*4]。圃場整備を実施した地域でさえ、耕作放棄をしている集落が多くみられる。

一方、多くの畜産農家でもバイオ燃料による飼料穀物の高騰などで、経営が行き詰まり、労力の増大と相まって限界に達している。

肉用繁殖牛などの「放牧」は、そういった中山間地域での問題を解決するために導入された技術のひとつである。この新しい放牧「小規模移動型放牧」（出前放牧、水田放牧、棚田放牧）は、その場の目的に合わせた形で利用できる技術として注目されて[*7]、中国・四国・九州地方、特に山口県を中心に普及した。山口県では「山口型放牧」と呼ばれ、全国に先駆けて1989年に水田放牧事業と移動放牧事業の二本柱で始まった[*4]。

従来型の固定式放牧は限定的な箇所で、

図2　耕作を放棄した棚田

図3 耕作放棄地へ放牧された牛　雑草に埋もれている

重機を使用し、頑丈な金属や木製牧柵を設置するため、費用と労力が必要であった。小規模移動型放牧は、何より設置の手間が容易で、トータルコストも従来式に比べ低いため、近年様々な地域で普及している（図3）。

導入当初は、たとえ耕作を放棄した水田であっても、牛を放牧することに抵抗があった。しかし過疎化や後継者不足、高齢化といった人手不足の解消策として放牧を導入したところ、これらの諸問題を解消できる方法のひとつであると評価された[8,9]。

4 放牧に期待される効果

(1) 労力の削減

一般に田畑周辺や耕作放棄地の草刈り管理は、非常に大変である。放牧の場合、電気牧柵を設置する箇所の草刈りは必要であるが、それ以外の範囲は牛が採食してくれる。その結果、管理の手間を極端に削減することができる。言い換えれば「管理の粗放化」である。

これは耕作放棄地等を抱える側の視点での話であるが、畜産農家の側のメリットも大きい。舎飼の場合、特定の箇所で集中的に管理できるが、給餌や糞尿処理作業などの重労働がある。特に牛肉生産では、肥育のために1頭あたり4～5t/年の濃厚飼料を与えなければならない[10]。

ところが放牧の場合、給餌も圃場内にある草を採食させ、糞尿も物質循環させる（自然に戻す）。規模や環境によって労力軽減量は異なるが、牛舎内の作業時間が約50％削減できたり、放牧を継続することで、年々労力が軽減された事例がある[11]。

(2) 畜産農家の経費の削減

畜産農家のメリットは労力の削減だけではない。経費も節減できる。たとえば舎飼で繁殖牛を1頭/日飼養する場合、濃厚飼料1kg×36円、購入乾草9kg×30円とすると、合計306円/日の飼料代がかかる。この牛を半年補助飼料な

しで耕作放棄地へ放牧した場合、55,845円/頭の飼料代節約になる[*12]。

移動型放牧の初期費用（1haあたり）は、電気牧柵設置190,000円（必須資材）、給水施設105,000円（必要に応じて）、給水運搬用100,000円（必要に応じて）、移動式スタンチョン[*13]（必要に応じて）である[*12]。これらは、一人で十分設置可能である。給水施設など必要に応じて設置するものも、工夫によってはさらに簡易にすることができる。初期費用の出費が嵩むように思われるが、継続的な実施と補助金制度を活用することで、軽減や分割が可能である。

表3は、土地利用の経済性の比較である。放牧利用、特に粗放牧利用は他に比べて粗収益は10〜30%程度と極めて低いが、土地純収益は極めて高い。この2,795円/10aは、中国地方の稲作平均よりも高い。

（3）放牧牛の健康増進効果と生産意欲の回復

放牧を実施したところでは、不妊牛が健康を取り戻し、繁殖牛として現役に戻った事例が多くある[*4,14]。繁殖牛で舎飼の場合、7〜8年で廃業となるが、放牧を主体とした牛は、10年以上たっても現役の繁殖牛として活躍している（図4）。現役年数が長くなるだけではなく、放牧によって牛のストレスが少なくなり、発情期の明確化によって受胎率も向上する。

牛が元気になるばかりではない。意欲をなくした高齢者に放牧を薦めたところ、規模に応じた経営が可能なため

図4 魚付林[*15]で放牧されている10年以上現役の繁殖牛（妊娠中）

表3 畜産的土地利用技術の経済比較

	保全管理	飼料生産		放牧利用	
	（草刈り）	集約型	粗放型	集約型	粗放型
粗収益（円/10a）	0	114,435	71,145	50,215	16,276
物財費（円/10a）	1,800	65,248	48,185	31,043	8,047
所　得（円/10a）	−1,800	49,187	22,960	19,173	8,229
投入労働（h/10a）	12.0	113.0	54.0	24.0	7.2
土地純収益（円/10a）	−10,800	−35,563	−17,540	1,210	2,795

＊土地純収益は、（所得－投下労働時間×750円）。所得は、（粗収益－物財費）
出典：千田雅之「人口減少の農林地資源管理問題と粗放牧型畜産の推進―肉用牛繁殖経営を例に」『畜産の研究』第61巻第1号、2007

生産意欲を取り戻し、畜産経営に復帰した事例もある[*4,14]。

ただし放牧地での不慮の事故はゼロではない。株立ちした樹木の株元に首を挟まれる事故や、窪地落下などがある。極力事故の起きない環境づくりを心がけ、牛道の誘導設置や窪地の除去、危険樹形樹木の剪定などを行う必要がある。また最近では、万一の際の備えとしての放牧保険[*16]も充実してきている[*17]。

(4) 獣害対策

耕作放棄地を抱える側の視点に戻ろう。耕作放棄地が田畑として機能していた頃は見通しが良く、人の往来があったことで、イノシシやシカも十分に警戒していた。しかし耕作放棄地が藪化したことで、藪内がイノシシの隠れ家となってしまった。さらに澱粉質の多いクズの根茎は餌となる。その結果、耕作放棄地周辺にある田畑は特に獣害の対象になりやすい。フェンスや電柵を設置しているが、イタチごっこの状況である。

放牧は獣害対策にもなりうる。耕作放棄地に牛を放牧することで、イノシシの隠れ家となっていたススキやササがみるみる駆除される（図5）。定期的に放牧地を見回ることと相まって、イノシシらは警戒心を持つようになる。クズも地上部がなくなることで根茎が成長できず、イノシシは食糧摂取ができなくなる。その結果、イノシシらを山側へ後退させることができる。

ただしサルの被害については放牧の効果は、断定できない。当初は警戒心を持つといわれているが、学習後には慣れるともいわれている。

(5) 地域の活性化

ヨーロッパなどでは古くから景観牛の放牧地を道路脇に設置し、地域の活性

図5 放牧による耕作放棄地管理　手前は放牧実施、奥は未放牧

図6 放牧牛に集まる観光客　子供たちが餌やりをしている

化に役立てている。日本でも放牧牛が景観牛としての機能を持ち、億円単位の経済効果を生み出している地域がある。地元住民や観光客は、牛がいる風景や牛が創り出す風景地に魅了され、足を止める（図6）。

　なお、移動型放牧によって様々な連携も生まれている。山口県をはじめとする多くの地域ではレンタカウ制度が普及し、無畜産集落内でも放牧がされている。島根県では、畜産農家と漁業組合が連携し、魚付林の保全管理を行っている。その他にも、果樹園や林業でも放牧を実践し、畜産農家と連携している事例がある。

（6）食料自給率の向上

　放牧のメリットは、広く国民全員にもおよぶ。そのひとつが、食料自給率の向上である。国内では、肉用牛に体重の8〜10倍の濃厚飼料を与えている。そのほとんどが輸入飼料であり、食料自給率を下げている。耕種[*18]と畜産が連携することで（いわゆる「耕畜連携」[*4]により）、濃厚飼料の輸入が減り、その結果、食料自給率は向上する。

　図7は、島根県内で実施されている耕畜連携のひとつ、ブロックローテーション[*19]の様子である。年一作ごとに「水稲→飼料作物→放牧」や、「稲刈り後から晩秋期迄の一時期」といったサイクル（限定時期）で実施されている。

（7）国土保全

　耕作放棄地が増加すると人々の視線（往来）が減ってしまい、亀裂や崩壊、侵食の発生に気が付きにくくなる。そして修復が遅れることによって、多くの土が失われる。また耕作放棄地では、木本類やササ、その他灌木類が粘土層を破壊し、水田としての保水能力が低下する。クズが繁茂した法面では、枯死時

図7　稲刈り後に放牧されている牛　　　図8　耕作放棄された棚田を利用した放牧

期の表層崩壊が起こりやすい。

　放牧には国土保全の効果もある。耕作放棄地が放牧牛によって舌管理[4,20]されると、大型草本類や木本類、クズの侵入が抑制され、シバ類中心の環境となる（図8）。見通しの良い環境になることで、法面や畔畔の亀裂や崩壊、侵食も早期に発見が可能となる。

　さらに放牧地は、状況に応じて比較的すみやかに水田に復元することもできる[21]。水田が必要な場合は、最小限の予算と労力で復元が可能である。

(8) 生物多様性

　日本には、間伐やシバ刈り、火入れなどによって維持されてきた二次的自然が存在する。オキナグサやレンゲツツジなどの生息環境も、それらによって保たれてきた。しかし、そのような環境も多くが失われてしまった。

　島根県の三瓶山では耕作放棄地に放牧したところ、牛の舌管理による撹乱が起き、灌木やススキ、セイタカアワダチソウ、クズなどの強雑草に覆われていた土地もシバ中心の植生に戻った。その結果、以前生息していたオキナグサやレンゲツツジが確認されるようになった[4,22]。阿蘇山では草本類の回復だけではなく、クララ（マメ科）が回復したことで、絶滅危惧種のオオルリシジミが見られるようになった[23]。同様に秋吉台では、絶滅が危惧されているオウラギンヒョウモンの幼虫が採食する自生スミレも回復している。

5　放牧の将来

　放牧が盛んといわれている中国地域全体でみても、放牧を行う肉用牛農家は5％に過ぎない[24]。しかし水田に牛を放牧するという大胆な発想によって山口で生まれた放牧は、中国地方や九州地方、四国地方と広がり、さらには肉用繁殖牛以外の牛も放牧利用されている。十数年前から各地域や集落では確実にノウハウを身につけている。

　放牧が集落の問題のすべてを解決するということではない。しかし耕作放棄地が年々拡大する中で、放牧による管理が進めば、中山間地域の人々の生活が大きく変化する可能性がある。放牧のメリットは労力軽減だけにとどまらず、経済面になどにもおよぶからである。

（大西　郁）

6・3
選択と集中で中山間地域の二次的自然を保全する

1 中山間地域の二次的自然に対する4つの選択肢

　農村には、水田をはじめ、水路やため池など様々な二次的自然が存在する。2・3で述べられているように、今後、農業を続けることができなくなり消極的な撤退が進めば、農村の自然環境が劇的に変化するであろう。つまり耕作などが放棄されることによる二次的自然の変化である。それは本書が主に議論している中山間地域において非常に大きな問題である。ここでは水田を中心に中山間地域の二次的自然を保全するための戦略について、「どのように撤退するのか」に限定せず、包括的に議論したい。

　中山間地域の二次的自然に対する選択肢は、大きく分けて次の4つである（図9）。第一は農業以外の方法で、第二は、これまでと同じように稲作を続ける仕組みを考えること、第三は、二次的自然の変化をある程度容認しながら、稲作以外の農業利用で一定の生物相を保全すること、そして第四は、遷移を進行させて、一次自然へ移行させることである。実際には、これらを組み合わせて対処することになる。どれか1つに決めなければならないということではない。

2 農業以外の方法による二次的自然の保全

　農業以外の方法による二次的自然の保全としては、公園やエコミュージアムとしての保全、市民活動による保全、農家による農業以外の活動による保全の3つが考えられるが、結論からいうと、いずれも限定的なものにとどまる可能性が高い。

　国営公園や都市公園を設置することは、土地を買い上げることを意味する。その結果、良好な生物相を安定的に保護することが可能となる。たとえば国営讃岐まんのう公園の自然生態園や神奈川県立茅ケ崎里山公園など、多くの例が

```
中山間地域における「水田」の二次的自然をどうするのか
  ├─ 農業以外の方法による保全 ┄┄┄> 限定的
  │    ├─ 公園やエコミュージアムとしての保全
  │    ├─ 市民活動による保全
  │    └─ 農家による保全（調整水田など）
  ├─ 稲作を続ける
  │    ├─ グリーンツーリズム
  │    ├─ 景観法、文化財保護法 ┄┄┄> 限定的
  │    └─ 中山間地域等直接支払制度など
  │         └─ 提案：森林に接する水田の単価の引き上げ
  ├─ 稲作以外の農業利用による保全
  │    ├─ 燃料作物の栽培 ┄┄┄> 現時点ではコストが問題
  │    └─ 放牧
  └─ 一次自然へ移行させる
```

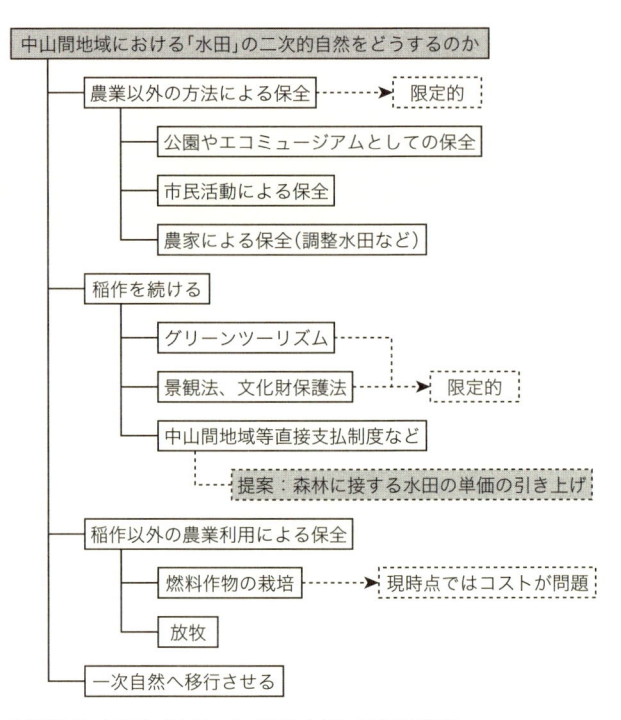

図9　中山間地域における「水田」の二次的自然に対する選択肢

ある。しかし、それらの公園を設置するためには、用地買収をはじめ、施設の整備、さらにその維持管理に多額の費用を必要とする。よって極めて重要性の高い地域に限られる選択肢である。エコミュージアムとしての二次的自然の保全も各地で試験的に始められている[25]。しかしエコミュージアムは特定の法律によって指定・設置されるものではなく、補助事業によって成り立っていることが多く、資金的な裏付けが大きな課題となっている[26]。

市民活動による保全は、首都圏をはじめとした大都市圏周辺で数多く取り組まれており、その歴史も古い。今後、自然環境の保全やボランティア活動による社会貢献が注目を浴びることにより、より活動が広がることが考えられるが、実際に活動できる範囲はボランティアの労力や資金の制限を受ける。活発な活動を繰り広げてきた団体でも中心的なメンバーの高齢化などが問題になってきている[27]。よって、よほどの知名度がある地域以外では、アクセスがわるい中山間地域において、そのような取り組みが今後大きく広がっていくとは考えに

くい。

　最後は、農家による農業以外の活動による保全である。ただし厳密にいうと「農業以外」ではない。農村には減反政策に伴い、作付けをしない調整水田が数多く存在する。作付けをしない調整水田は、耕作している水田と同じように一定の管理を受けており、生物の生息地として機能する。しかし作付けをしない調整水田などに対する補助がなくなった上、そもそも減反政策の存続が大きな論点となっており、今後一気に消滅する可能性もある。

　兵庫県にはビオトープ水田という事業があり、調整水田を生息地として管理することに対し補助金を支給してきた。2005年度から5年間は特にコウノトリの野生復帰を目指した事業（コウノトリと共生する水田自然再生事業）として実施されている。ビオトープ水田には、転作田ビオトープ型と常時湛水稲作型の2種類がある。転作田ビオトープ型は、稲作を行っていない水田をコウノトリの餌場として管理するものである。常時湛水稲作型の場合、農業は行うが、中干を行わず、冬期も湛水することによって餌生物の増加を促す。これにより、転作田ビオトープ型では10aあたり54,000円、常時湛水稲作型では10aあたり40,000円の補助を農家は受けることができる。転作田ビオトープ型の補助は、国の中山間地域等直接支払制度の実に2.5倍以上である。しかし兵庫県も豊岡市も財政的な問題を抱えており、この制度がほかの地域に拡充される可能性はなく、また継続も危ぶまれている。

　当然のことであるが、農業という営みによって維持されてきた環境を、農業以外の方法で保全することは容易ではない。ここであげた以外にも様々な方法がありえるかもしれないが、いずれにしても日本のどこでも適用できるというものにはなりえないであろう。農村の二次的自然を農業と切り離して保全することは極めてむずかしい。

3　稲作を続ける仕組みを考える

　中山間地域において稲作を続けるためには、中山間地域等直接支払制度による支援が大きな方策のひとつであろう。他にも、棚田オーナー制度や農家民宿といったグリーンツーリズムによる農村の発展、景観法や文化財保護法による景観や文化財の視点からの保護などが考えられるが、その対象となる地域はご

く限られる。その上、観光の推進は、生物相に悪影響を及ぼすことも考えられる。

　しかし単純に「中山間地域等直接支払制度による支援があれば大丈夫」ということでもない。稲作を安定的に継続させるためには、何らかの「上乗せ」が必要であろう。ただし財政的な問題を考えると、上乗せの対象を厳選して、なおかつ環境や生物相の保全について、確実に効果が出るようにしなければならない。

　中山間地域等直接支払制度においては、5年間農地を維持管理していくことに加え、後継者の育成や景観への配慮、生物相の保全などの取り組みを集落で行うことが求められている。しかし景観や環境への配慮に応じて助成金が上乗せされるような制度にはなっていない。一方で、直接支払制度の先進地であるヨーロッパでは、農地の条件や農家の取り組みに応じて様々な直接支払の制度が用意されている。詳細は国により異なるが、環境や景観の保全に寄与する農業への直接支払も別途行われている[28]。もちろん、ヨーロッパと我が国では農村が置かれている環境もその規模も、さらには助成金の額もまったく異なるので、一概に比較できるわけもないが、見習うべきところは多い。

　では、どのように上乗せする対象を決めるのか。これは非常にむずかしい問題である。場所を指定するのか、環境への配慮に対して上乗せするのかによってもまったく異なる。また環境や生物相の保全となると、問題は水田だけにとどまらない。周辺の森林なども一体的に考えなければならない。

　著者は、一定面積以上の森林の境界から特定の距離内（たとえば、50mや100mの範囲）にある水田（図10）、あるいは、そういった水田を持つ集落における助成金の単価を引き上げることを提案したい。50mや100mという距離は、サンショウウオの仲間やその他の森林と農地を利用する生物が移動できる範囲である。現在の制度に合わせるという意味では、集落単位にしたほうが容易であろう。

図10　森林と接した水田の一例

一定の面積以上の森林とする理由は、森林の生物相の保全も視野に入れるためである。たとえば環境省のレッドリストに絶滅危惧IB類として記載されているイヌワシは行動圏として最低でも1,000ha以上の森林を必要とする[*29]。森林の規模を一定以上とすることは、分断された森林を接続させることへのインセンティブとなり、その結果、森林の生態的ネットワークの構築も可能となる[*30]。

たとえば兵庫県で1,000ha以上の森林と接する「傾斜20分の1以上の水田」を抜き出し、森林との境界から50mの範囲にある水田を抽出すると、その合計面積は約220km^{2}にものぼる[*31]。条件不利地域（「過疎地域」など）の水田に限定すると、その割合は約45%である。助成金を上乗せすると、どの程度費用がかかるか試算してみよう。上乗せ額を、先の兵庫県のビオトープ水田事業を参考に19,000円（中山間地域等直接支払制度によってすでに21,000円受給している場合、合計10aあたり40,000円になる）、上乗せの条件を常時湛水（常時湛水型稲作）とする。2005年度に兵庫県で中山間地域等直接支払制度の助成を受けている「傾斜20分の1以上の水田」は合計4,134haである。そのうちの45%が1,000ha以上の森林の境界から50mの範囲の水田であるとすると、約1,860haが上乗せの候補となる。さらに、そのうちどれだけの水田で常時湛水を行い、助成金の上乗せを獲得しようとするかは容易には想定できないが、仮に10%の水田（186ha）が参加すると、必要な費用は3,534万円となる。20%が参加としても、約7,000万円である。2005年度の兵庫県の助成実績は、2004年度に比べて、制度の改定のため約8,500万円減少した。このことを考えると現在の中山間地域等直接支払制度の枠組みの中で十分に対応可能な範囲であると考えられる。

4・1で示した農林業の「積極的な撤退」では、「従来型」→「粗放化」→「自然に」の順に考えると述べた。既存の制度を見直すことにより、ある程度「従来型」の農業で二次的自然を維持することができるといえる。

4 稲作以外の農業利用で一定の生物相を保全

米を生産する場所としては有用性がなくなりつつある水田であるが、他の用途に利用することはできないか。産業廃棄物処分場の誘致といった不可逆的な転用は別として、近年急速に注目されるようになってきたものが、6・2で紹介

した耕作放棄地における放牧である。これは、4・1でいう農林業の「積極的な撤退」の「粗放化」に相当する。そして、もうひとつは燃料作物の栽培である[*32]。後者について、中山間地域の耕作放棄地を活用して燃料作物を栽培し、バイオエタノールを生産することは原理的には可能である。しかし中山間地域においてはコストが大きな問題となるだろう。

放牧によって耕作地を維持することは将来の復田の可能性を維持しつつ[*33]、安全で質の高い肉の生産をできること[*34]が大きなメリットである。さらに山際の耕作放棄地に牛が放牧されることによって、耕作地に対する獣害の防止にもつながるとの報告もあり[*35]、周辺の農地の管理にとってもメリットがある。

では二次的自然の保全という視点ではどうであろうか。確かに放牧は草本植生の種多様性維持に貢献している[*36]。ただし水田に依存する水辺性の生物相の保全にとって有効な放牧のあり方はまったく検討されていない。水辺性の生物にとって、水がなくなってしまうことは致命的であり、耕作放棄地における放牧がそのまま水辺性の生物相の保全につながるということではない。

畜産としての生産性や管理の視点からは乾田の休耕田での放牧が望ましいであろうが、元々湿田で湿地状態になった休耕田においても、牛は草本類を採食する。そのような場合であれば水辺性の生物相の保全も不可能ではない。具体的な手法について今後の研究が期待される。ただし放牧の場合、ある程度の二次的自然の変化は認めざるをえないであろう。

なお耕作放棄地における放牧に際しても、通常1日1回から週に1回程度濃厚飼料を与えるのが一般的である。濃厚飼料には外来種の種子が混入する可能性が高いので、放牧を進めることが外来種の拡散につながらないように配慮することは、現時点での耕作放棄地における放牧において留意しなければならない。

5　選択と集中による二次的自然の保全

最後の選択肢は、遷移を進行させて二次的自然から一次自然へと移行させることである。これは4・1で述べた「積極的な撤退」の「自然に」である。これまであげた3つの選択肢ですべての水田をカバーすることは事実上不可能である。よって二次的自然の保全をめざす部分は必然的に選抜されることになる。

どのように選ぶべきかという大きな問題があるが、いずれにしても必要性の高い場所に人材や資金を投入すべきであり、その際、それ以外の場所をどうするのかという問題が生じる。二次的自然の維持を断念せざるをえない場所では、その地域にふさわしい一次自然へ移行させていくべきである。近隣に種の供給源となる一次自然が存在する地域では、あえて何かをしなくても、遷移が進行し、一次自然がゆっくりであれ復元していく可能性がある。種の供給源が存在しない地域では、より積極的に一次自然を復元する必要があるだろう。遷移を進行させる際には、獣害対策が重要である。水田として維持するところに獣害が及ばないようにするためにも、選択と集中の際には、適切なゾーニングが必要であろう（これについては **6・5** で説明）。

　二次的自然を効果的に保全するために、どのように選択と集中を行うのか、その技術が求められる時期に来ているといえるだろう。つまり「どの場所は集中的な保全が欠かせないのか」「放牧と組み合わせたような粗放的な管理で、どの程度まで生物相を維持できるのか」「そしてどこまでであれば、遷移を進行させ、生物相の入れ替わりを促しても問題がないのか」に答える技術である。これからは都道府県スケール、あるいはさらに広域的なスケールでのゾーニングも必要である。つまり二次的自然の保全のための広域的生態系保全計画が求められている。

（一ノ瀬　友博）

6・4
森林の管理を変える

1　人工林の現状と森林の機能

　日本の森林面積の4割、約1,000万 ha が人の手により植林された「人工林」であり、そのうちスギ・ヒノキ林が約5割を占める[*37]。高度経済成長期の木材需要の高まりに応えるために、1960年代から天然林伐採跡地や原野に新規に植

林する「拡大造林」が始まり、その頃に植林された30～50年生の林が占める割合が高い。しかし木材輸入自由化以降の木材価格低迷で採算が合わないために、多くの人工林では手入れが行き届いていない。木を売っても生産（植栽、保育、伐採、集材、運搬）の費用のほうがかかり、赤字になるからである。

　我々は国土面積の約7割を占める森林から様々な恩恵を享受している。森林を含む生態系が人間にもたらす恩恵は「生態系サービス」と表現される[*38]。森林の生態系サービスには、経済的産物である木材の供給だけでなく、土砂流出防備、きれいな水の安定的供給（水源涵養）、CO_2吸収、癒しの提供などが含まれる。木材供給以外の機能は「公益的機能」と呼ばれ、その重要性は認識されてきた。

　このうち土砂流出防備は森林の重要な機能のひとつである。それは、戦後に多かったはげ山からの大量の土砂流出が、その後の懸命な植林によって軽減されたことからも明らかであろう。しかし森林であっても手入れ（間伐）の行き届いていない人工林は、後述のように、必ずしも土砂流出を防いでいない。

2　手入れ（間伐）が行き届かないと

　人工林では一般的に高密度で植林される（図11）。成長段階では、「間伐」という間引きをする必要がある。たくさん植えてから間引きという点では、ダイコンなどの栽培に近い。間伐の目的は林業においては太い良質の木材を生産することである。高密度で植栽される理由は、幼齢期に生育不良や気象害、病虫

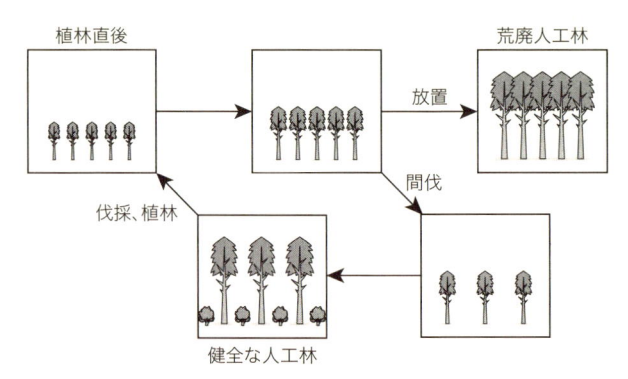

図11　健全な人工林と荒廃人工林（作成協力：林直樹）

害によるダメージを受けても他の木で補えることや、下部に枝が少ない良い木材を生産するためである[*39]。

植林後15年ぐらい経過すると、林冠（林の上層部）全体が植林木の枝葉で覆われるため、間伐を数回行い、個々の樹木の成長を促す必要がある。間伐を行わないと成長がわるく木材の質を落とすことになる。た

図12　スギ人工林の林内の様子（高知県仁淀川町）
林床植生はまばらに生えているのみである

だし問題はそれだけではない。間伐が行われないと、林床まで光が届かないために林床植生が育たず（図12）、土砂流出が起こりやすいといわれている[*40]。恩田（2008）は、間伐が行われずに森林が本来持っている機能を発揮していない状況を「人工林の荒廃」と定義した。

3　土砂流出のメカニズムとその防止策

ここでは間伐されていない荒廃人工林での土砂流出メカニズムについて考えてみたい。荒廃人工林は樹木が過密なため、上で述べたように林内が非常に暗く林床植生が生育しない。さらにヒノキの葉はバラバラに分解しやすい性質を持っているので、特にヒノキ林では落ち葉は流亡しやすく土の上に堆積しにくい。林床植生や落ち葉がないと土がむき出しの状態となり、雨滴が土に直接落ちることになる。すると雨滴の衝撃により土が表土から剥がれ撥ね上がる「雨滴侵食」が起こる[*41]。斜面では、これが繰り返されることで土砂が下へ移動していく。また土が雨滴から受ける衝撃により土壌構造が破壊され、土は目詰まりを起こした状態になり水が浸透しにくくなる[*42]。その結果、降雨が土の表面を流れ、降雨後急激に河川水量を増加させるとともに、むき出しになった地表の土砂をさらっていくので土砂が流出する。

土が林床植生や落ち葉で覆われているほど水が浸透しやすい土であり、結果的に土砂流出を防ぐことにつながると考えられる[*43,44]。つまり林床植生や落ち葉によって地表が覆われるように森林を管理することが重要である。そのためには、人工林においては林床まで光が届くように間伐を行う必要がある。

第6章　積極的な撤退のラフスケッチ─土地編　　149

4 森林の健全化に向けて

　この先、荒廃人工林はどうすればよいのか。4・1で述べられているように、「積極的な撤退」では、従来型の農林業を継続するところを絞って、人手やお金を集中し、それ以外については、原則として、「管理の粗放化」か「自然に戻す」のどちらかを選ぶことを提案している（ピンポイント的には公園化なども）。

　では荒廃人工林における「管理の粗放化」とは何か。公益的機能（土砂流出防備など）を健全化するための粗放的な管理とは何か。ここでは強度間伐を紹介する。強度間伐とは、材積（木材の体積）比率で30%以上伐採することをいう[*45]。ヒノキ林においてかなりの強度間伐（本数比で61%、材積比で51%の樹木を伐採）を実施した研究例では、間伐3年後に地表全体が植生で覆われたことが報告されている[*46]。これは針広混交林（針葉樹と広葉樹が混ざった林）へと誘導できる可能性を示している（図13）。ただし間伐強度が強すぎると別の問題が生じる。すべての木を一度に伐採する「皆伐」のような施業では、一時的に土がむき出しになるために土砂流出がおこりやすいことも指摘されている。このような負の影響も考慮して間伐強度を決める必要がある。

　間伐によって森林所有者が収入を得られると同時に森林の機能が発揮されるようになるのが理想であり、いかに間伐材を利用していくかという努力が各地でなされている。それは持続的森林経営と環境機能発揮の両立につながる非常に重要な努力である。

　その一方、現実には人工林1,000万haの中には多くの成長がわるい造林地、放棄された林、経営が成り立たない林が存在している。これらすべてを「従来型」で持続的に管理していくことは不可能である。そのような条件のわるい場所では、公益的機能の健全化を主目的とした強度間伐を行い、林床植生が繁茂

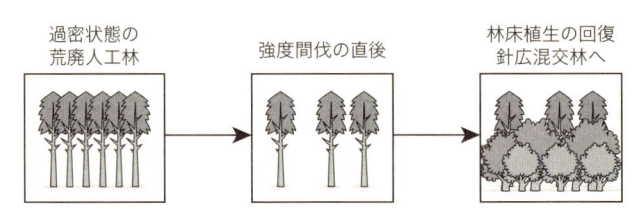

図13　荒廃人工林を針広混交林へ　（作成協力：林直樹）

する森林あるいは針広混交林へと誘導していくという選択肢があってもよいであろう。荒廃人工林の問題は下流にも及ぶことを念頭に、流域（国民）全体で議論することが重要であろう。

（福澤　加里部）

5　カーボン・オフセットによる収入——地球温暖化と京都議定書

　仮に管理を粗放化したとしても、人工林を維持することは大変なことである。そのとき心強い味方となりうるものが、カーボン・オフセットによる収入であろう。これを理解するためには、地球温暖化、京都議定書から説明する必要がある。

　異常気象が世界各地で記録されている。アメリカ南部を襲ったハリケーン・カトリーナや日本各地における観測史上最高気温の更新などは記憶に新しいところである。これらの異常気象の背景には地球温暖化があるといわれている。そして地球温暖化は、温室効果ガスの濃度上昇と関連性が高いとされている[*47]。温室効果ガスは、赤外線を吸収しやすいガスの総称で、二酸化炭素のほかに、メタンやフロン類などが知られている。これらのうち人為的な活動に伴う化石燃料由来の二酸化炭素濃度の増加が特に問題視されている[*48]。

　現在、温室効果ガスの削減が世界的な急務となっている。1992年に気候変動に関する国際連合枠組条約が採択された。この条約の効果を発揮するため、1997年に「京都議定書」がまとめられた。京都議定書には、①温室効果ガスの削減目標を先進国など（気候変動枠組条約附属書Ⅰ国41ヵ国・地域。以下、先進国）の間で設定すること、②森林吸収源による二酸化炭素の吸収量を（削減量に）加算できること、③温室効果ガスの排出権（排出量）取引などが取り入れられた。

　日本には、2012年までに、1990年と比較して、温室効果ガス排出量の6%を削減するという目標が設定され、森林吸収は3.8%削減（4,767万CO_2-t、1,300万炭素t）を担うこととなった。森林吸収源については、1990年以降に行われた新規植林、再植林、間伐などの森林経営、植生回復などを各国が選択できることとなった。

　図14のように、間伐などの適切な森林経営を行うことにより、大気中の二酸

化炭素(温室効果ガス)を削減することができる。環境省によると、2005年の時点で京都議定書に基づく森林吸収量は3,540万CO_2-t、目標達成には1,230万CO_2-tが不足しており、間伐などの森林経営が求められている[*49]。

排出権取引とは文字どおり、排出する権利を売買するものである。京都議定書などのように拘束力を持つ温室効果ガス削減では、国や自治体などが温室効果ガスを目標以上に削減(吸収)した場合、余分に削減(吸収)した分を、排出権として他に売却することができる。逆に目標を達成できそうにない側は、排出権を購入してでも目標を達成しなくてはならない。購入した側は、目標をオーバーした分を排出権の購入で相殺すると言い換えてもよいであろう。

京都議定書に基づく排出権取引では、気候変動に関する国際連合枠組条約に参加する先進国が、国際的な拘束力を持つ削減目標を達成するために、国際市場で排出権を売買する。排出権の売り手は、先進国のうち削減量に余裕のある国で、買い手は目標を達成できなかった国となる。

その他、京都議定書における排出量削減策としては、先進国が協力して削減に取り組む共同実施、途上国の排出削減に先進国が資金や技術を提供するクリーン共同開発がある。

2008年から京都議定書の第一約束期間に入り、国際的な二酸化炭素などの温室効果ガスの排出削減と排出権取引が本格化した。国内では京都議定書目標達成計画に基づき、「地球温暖化対策推進法」や「省エネルギー法」により、温室効果ガスの削減が進められている[*49]。

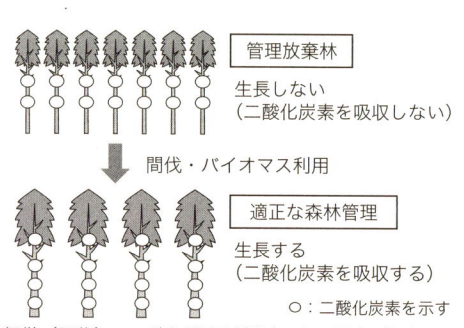

図14 森林経営(間伐)で二酸化炭素が削減できる理由 (作成:林直樹、大平裕)

6　カーボン・オフセットと森林経営

　カーボン・オフセットは、自主的な排出権取引で、イギリスの環境 NGO が提唱し、欧米を中心に広がりを見せている。これは京都議定書のような先進国同士の取引にとどまらず、事業者などが取引の主体となりうる。

　カーボン・オフセットによる収入で森林経営が助かる仕組みを説明する（図15）。①事業者などは自らの温室効果ガス（二酸化炭素など）の排出量を把握し、削減目標を自主的に定め、削減に取り組む。②削減目標に達しなかった場合は、不足分の削減量を他の事業者が生み出した排出権を購入することで相殺（オフセット）する。間伐や森林経営により二酸化炭素を吸収する森林組合などは排出権の売り手となることができる。

　しかしながら、カーボン・オフセット（以下、「オフセット」）を森林経営に取り入れる際には、第三者による排出権の認証などの手続きが求められる。また二酸化炭素の排出権の市場価格は、トンあたり数千円程度で推移している。オフセットで得る収入と、森林管理やオフセットの運用にかかる支出のバランスに留意する必要がある。

　国内の森林では北海道下川町や高知県などが独自の森林吸収源取引制度を設け、企業や団体および森林組合などが協定を結び、企業の協賛をもとに森林整備を行っている。また東京都新宿区と長野県伊那市では、自治体間で間伐によるオフセット協定が結ばれている[*49]。

　環境省と林野庁も、オフセット・クレジット制度（J-VER：Verified Emission Reduction）で、オフセットを後押ししている。この制度は削減量（吸収量）を

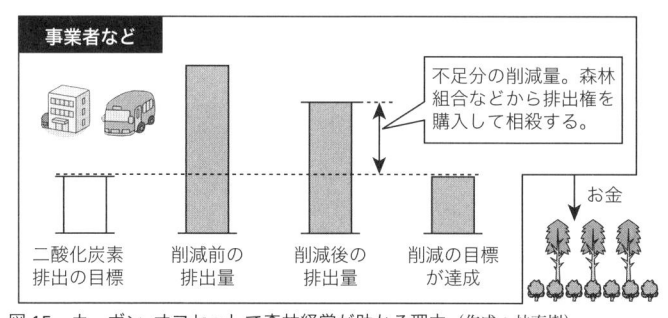

図15　カーボン・オフセットで森林経営が助かる理由（作成：林直樹）

認証する制度である。環境省と林野庁は、J-VERを活用した事業を開始し、熊本県小国町の間伐促進プロジェクトなどが採択された[*50]。

J-VERの対象には、間伐促進などの森林経営、木質バイオマスエネルギーを活用した化石燃料の転換による二酸化炭素排出削減が取り入れられた[*51]。

NPOによる森林管理の支援も活発になりつつある。間伐などの育林作業の支援に加えて、携帯電話のGPS機能を用いた森林管理の「見える化」などの取り組みも始まっている。

7　過疎集落におけるオフセットの活用

オフセットの活用は、既存の森林経営にとどまるものではない。「積極的な撤退」後の田畑などの管理にも、オフセットが活用できる余地がある。しかしながら前述のようにオフセットを運用するためには経費がかかる。そこで集落単位などの削減量が小規模な場合は、景観保全や生物多様性保全などを切り口とした市民・NPOの参加や企業の支援を原動力として検討するべきと考える。オフセットなどに取り組むことができる体力のある組織になった場合は、ぜひともチャレンジしてほしい。

なお日本は京都議定書で農用地管理による二酸化炭素吸収を採用していない。しかしながら2013年度以降の温暖化対策を検討する次期枠組み交渉では、吸収源のひとつとして農用地管理が検討される可能性が高い。このため森林管理と合わせて農用地管理による二酸化炭素削減についても注視する必要がある。

　　　　　　　　　　　　　　　　　　　　　　　　　　　（大平　裕）

6・5
森林の野生動物の管理を変える

1　人と野生動物の軋轢

1・1でも触れたように、獣害の脅威は、各地の過疎集落における深刻な社会

問題となっている(図16)。田畑が野生動物により食害されることは、金銭的被害や精神的苦痛を農家に与えるだけでない。自給自足で暮らしている農家の場合、文字通り「日々の糧」が失われることになり、近くに食料品店がない過疎集落では、その地で生活を続けることを困難にさせている。

近年では、人の居住空間により近い場所において、野生動物が頻繁に出没するようになった（図17）。その結果、人身被害や家屋侵入、さらにはロードキル（自動車との交通事故）も発生し始め、人と野生動物の共存に関わる問題は多様化している。これに対し、専門家は獣害を効果的に抑止するための様々な技術を開発してきた[*52]。また、それらの技術を普及させるために、国は被害地域に対して財政支援も行っており、獣害防除に支出される国家予算は年々増加している[*53]。しかし、それでも獣害問題が沈静化する兆しはみえてきていない。

農村集落の住民が、獣害の脅威から完全に解放される手段のひとつとして、地方小都市への「集落移転」が考えられる。しかし、これで獣害問題がすべて解決するわけではない。山野に接する集落が移転すれば、これまで獣害が未発生であった隣の集落で被害が発生することになるからである。そこで、「積極的な撤退」では、獣害発生集落とその隣接集落とを含めた全体として、「獣害脅威の総和」を低減させることを考える。これを実現するには、電気柵やトタン板の設置を工夫するだけではもはや手に負えない。

中・長期的な視点で人口減少時代に適応した野生動物管理のラフスケッチを描くには、野生動物との共存に関わる昨今の問題の背景を十分に理解しなければならない。獣害の現状や原因については**1・1**や**2・3**でも簡単に触れたが、本

図16　クマとサルによる食害にあい、リンゴが地面に散乱している園地

図17　人を恐れることなく集落内を自由に歩き回るサルの群れ

節では獣害が近年になって問題化した社会的背景をより深く掘り下げる。そのうえで、問題解決に向けたこれからの取り組み方を具体的に紹介したい。

2　獣害問題の社会的背景

　これまでしばしば誤解されてきたが、獣害は近年になってはじめて発生したわけではない。人と獣との戦いの歴史は江戸期の史料からもうかがい知ることができ、当時から獣害は各地で慢性的に発生していたことは明らかである*54。獣害は昔から発生していたのなら、なぜ今になって深刻な社会問題として認識されるようになったのか。この問いに対する答えとして、「農山村の体力低下」と「野生動物との関わりの変質化」という2つの経時的な社会変化があげられる。そこで、この2つの変化を軸に、問題発生の社会的背景を整理する。

(1) 農山村の体力低下
①農家の所得低下
　過疎集落における農家の総所得は減少傾向にある*55。所得が減ることで、被害に対する農家の経済的な許容限界が低下し、わずかでも被害が発生すれば深刻な問題として獣害が認識されるようになっている。

②個人・集落の体力低下
　農家の高齢化に伴って、防除柵設置等の対策が、個人の体力や収入だけでは困難になりつつある。行政が住民に対して電気柵設置の補助事業を行っている市町村もある。しかし、設置できたとしても、漏電・断線を防ぐための柵のメンテナンスを個人では継続的に実施できず、結局すぐに故障させてしまう場合も多い(図18)。また、集落あたりの農家戸数の減少も近年著しい。残された農家も高齢化している。その結果、集落で共同して獣害に対処しようとする気概に乏しく、「助け合いの精神」も失われつつある。

　たとえば、自分の隣の畑に獣が出没しても、追い払うことはせず、見て見ぬふりをするといった光景が近

図18　管理放棄され、森に飲み込まれつつあるクマ・サル対策用の電気柵

年日常的に見られるようになった。

③ 財政の枯渇

国や地方の財政は日々悪化している（2・4 参照）。獣害以外にも自治体が抱える問題は山積している中、行政が地方の中でも特に住民の不在化が進む辺縁に位置する集落（＝獣害発生地）の要望をすべてくみ取り、それに対して十分な財政支援をすることは困難になってきている。

④狩猟者の減少

日本には、鳥獣害から農地を守るために狩猟文化が発達したという歴史的背景がある[56]。20 世紀初頭に唯一の大型捕食者であったオオカミを絶滅させてしまった今日、野生動物管理の担い手としての狩猟者への期待は高まっている。しかし、狩猟者は 1970 年の 53 万人をピークに、2005 年には 17 万人まで大幅に減少した[57]。また、今日の狩猟者の約半数は 60 歳を超え、40 歳未満の若い狩猟者は全体の 6％以下にまで低下している。

（2）野生動物との関わりの変質化

①伝統的な獣害対策の技術や習慣の消失

明治期以降、銃使用の自由化の結果、人里に生息する獣類の多くは資源として、そして害獣として乱獲され、その後 1 世紀以上にわたって人の生活圏における中・大型獣の分布の空白化をもたらした[58]。これは、農村集落の日常から「獣」という存在を消し去り、それまで存在した様々な獣害対策のための技術や習慣（たとえば、獣類侵入防止のための大規模な石垣や土塁の設置、夜行性獣類の追い払いを目的とした見張り小屋の設置）[54] が失われた。

②動物観の変化

上記の人と野生動物の関係の希薄化は、「中・大型獣＝奥山の動物」という誤った理解も住民に広めた。その結果、戦後になって獣類の分布が徐々に回復し、人の居住空間へ接近し始めると、今日の多くの農村住民はこれを「異常な現象」として認識するに至った。これは、中・大型獣類が、人里における共存の対象から完全に除外されてしまったことを意味する。また、野生動物との関係の希薄化は、獣害を直接被ったことのない住民の野生動物に対する「畏れ」を消失させた。その結果、野生動物をペット（愛玩動物）と同一視する住民も増加し、増えすぎた野生動物の個体数管理（駆除）を実施する際の「合意形成」の障壁

となっている市町村も多い。

③資源としての価値の低下

　かつて、獣類の多くは食肉や毛皮として頻繁に取引されていた。生薬としての価値も高く、サルやクマなどの臓器も重宝されていた[*59]。中・大型獣は、かつても「害獣」としての位置づけはあったが、同時に、こうした「資源」としての価値も認められていた。戦後、資源としての利用が廃れ、近年の狩猟者減少も重なり、野生動物の持つ「負の価値」だけが相対的に高まっている。

　これらをまとめると図19に示したフローチャートができあがる。問題解決のためには、ここで示した問題発生につながる要因をひとつずつ除去・改善していかなければならない。これまで実施されてきた被害集落に対する獣害防除技術の提供や単純な財政支援だけでは、問題は解決しないのは明白である。

3　問題解決の方向性

　人口減少時代に足を踏み入れた日本において、各地の農山村の過疎化は今後も「不可逆的」に進行することが予想されている（2・4参照）。これは、野生動物管理の担い手となる主体と、管理を実施するための財源の持続的な確保が今後よりむずかしくなることを意味する。こうした状況において、今ある被害集落をすべて維持することを前提に、野生動物による被害を適切に防除もしくは許容できる程度にまで集落の体力を回復させ、かつてのような野生動物との「持続可能な関わり」を復元するといった「過去への回帰」を目指す政策は、問題解決に向けた実現可能な選択肢とは考えにくい。ではいかに問題を解決して

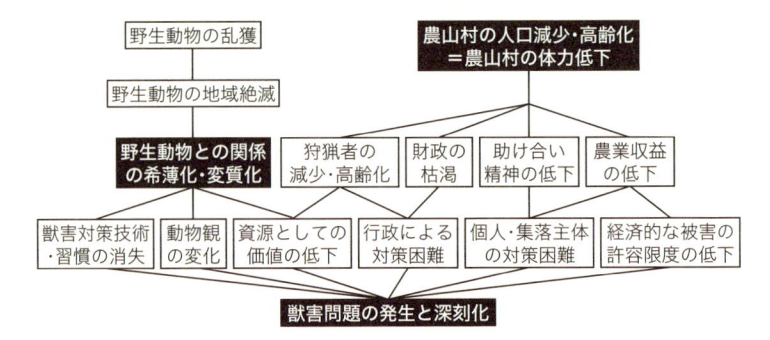

図19　獣害問題の発生及び深刻化にいたるまでの社会的背景

いくのか。ここでは問題発生の社会的背景にも触れながら、先にあげた「集落移転」をキーワードに問題解決の方向性を探っていきたい。

(1) 土地利用の再編により獣害の脅威を低減させる

「人口減少」は、上記のように悲観的に解釈することもできるが、別の角度からみれば、獣害問題解決のための「好機」として捉えることもできる。なぜなら、過去に急増してきた人口、そして無秩序に繰り返されてきた開発が、人と野生動物の軋轢をもたらし、獣害の脅威を増大させてきた根源にあるからである[*60]。そのため、人と野生動物が限られた土地をうまく「住み分ける」ことを目的とした土地利用の再編によって、獣害の脅威を低減させることができるはずである。そこで、問題解決に向けた土地利用の再編を検討する際に考慮すべき点を以下にまとめる。

① 野生動物の生息空間と人の居住空間の境界線を最短化する

中・大型獣の生息空間と接する人の居住空間（宅地や農地）を可能な限り少なくできるような「集落移転」を検討する（図20）。それにより、加害獣の追い払いや電気柵設置の経済的・体力的コスト削減につながり、問題発生の背景にあった「個人・集落・行政による獣害対策の負担」が軽減される。

②野生動物の生息空間の連結性を高める

過去の開発により生息分布が孤立してしまった野生動物の個体群（集団）の

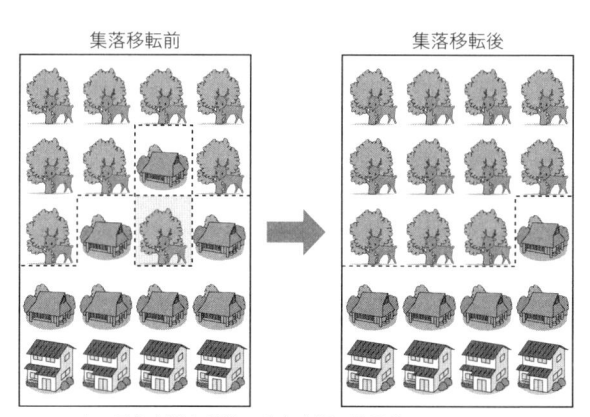

······：人の居住空間と動物の生息空間の境界線
：孤立した動物の生息空間

図20　人の居住空間と野生動物の生息空間の境目を短くする（作成：林直樹）

「絶滅への危惧」から、加害動物であっても個体数管理（駆除）はこれまで積極的に実施できなかった市町村も少なくない。そこで、図20で示すように、計画的な「集落移転」により、「孤立した動物の生息空間」をなくすことで、上述の「絶滅への危惧」が解消される。その結果、追い払いや個体数管理などの積極的な野生動物の管理の実現に向けた社会的な「合意形成」が円滑に進みやすくなる。

③緩衝帯を設置する

森林と集落との境界（図20に示した点線）に緩衝帯を設置する。緩衝帯において、野生動物の隠れ場となりやすい草木はすべて刈っておく。それにより、野生動物が集落に侵入する頻度を低減させることができる。また、緩衝帯で家畜を放牧することで、獣害予防効果を高めることが期待できると同時に、草刈りの手間を省くこともできる[*52]。

④集落跡地を餌場にさせない

人の居住空間への獣類の侵入頻度を低下させるために、彼らを誘因するおそれのある餌植物（果実を生産する低木やツル植物等）が集落跡地に繁茂しないように、植生回復を人為的に操作する必要がある。集落跡地に残される栽培樹木（カキやクリ等）も伐採するべきだろう。4・1でも指摘したように、放置すれば望ましい自然に戻るとは限らない（図21）。

①から④の作業にもとづく土地利用の再編は、より強度に実施されればされるほど、地域全体の「獣害脅威の総和」は低減することが期待される。今日の農山村の体力、そして中長期的な農山村の人口流動を考慮して、計画的な「集落移転」を検討し、獣害に耐えうる農山村づくりを目指す必要がある。

図21　耕作放棄地に集まるサルの群れ　日当たりのよい放棄地には、動物が好む植物が繁茂しやすい

(2) 集落の集約化により地域ぐるみで獣害問題に取り組む

効果的に獣害に対処するには、一部の被害農家が散発的に対策を講じるのではなく、「地域ぐるみ」で日常的に問題に取り組む必要がある[*52]。ここでも、上述した計画的な「集落

移転」は解決策になる。なぜなら、人の居住空間の集約化は、これまで獣害とは無縁だったより多くの住民を必然的に巻き込み、野生動物との共存に関わる様々な問題（リスク）を共有することにつながるからである。これは結果的に、失われつつある住民間の「助け合いの精神」を回復させ、獣害に主体的に向き合うという社会的気運の向上に貢献することが期待できる。

(3) 野生動物との新たな「関わり」を作る

集落移転により「獣害の脅威」を低減できたとしても、被害を完全に「ゼロ」にすることはむずかしい。そこで、私たちがこれから野生動物とうまく付き合っていくには、野生動物の持つ「負の価値」を軽減するための獣害対策だけでなく、「正の価値」を向上させる方法も検討しなければならない。つまり、野生動物を「害獣」としてではなく、「資源」として管理し、有効に活用する必要があるだろう[*61]。土地利用の再編によって節減された獣害対策コストは、野生動物を資源化する社会システム構築とその強化（たとえば、狩猟者の育成、市場と流通ルートの確保）のために投じていくことが重要である。

過去を振り返っても、人と野生動物との「共存」は常に闘争の歴史である[*54]。今日、獣害が問題視されるのは、詰まる所、現在の野生動物管理システムが今の時代に適応していないことにあると考えるべきである。人口減少という未曾有の時代において、上記に示したような新たな取り組みが必要とされており、その中で野生動物との持続可能な付き合い方を新たに模索していくべきである。

（江成　広斗）

6・6 道路などの撤収・管理の簡素化とその効果

1　道路網の縮退は不可避

人口が減少する時代にあっては、「積極的な撤退」を実施する・しないにかかわらず、あまり利用されない道路は消滅するであろう。道路に類するもの、た

とえば水道、電気なども同様である。

　この先も現在の道路網を維持するなら、1人あたりの道路の維持管理費の負担はだんだんと重くなる。全国の道路網をそのまま維持すると、「1人あたり」の維持管理費の負担はどうなるのか。維持管理費の総額が2005年のまま変化しないとすると、図22のようになる[*62]。2005年の負担を100とすると、2105年はなんと287である。道路網のすべてを維持することはむずかしいといわざるをえない。

　とはいえ同じ道路の縮退でも、工夫しだいで状況はまったく違ってくる。財政の悪化に伴って無秩序に縮退するという流れだけは避けたい。万が一、そうなれば一帯の土地利用は台なしである。「積極的な撤退」では財政に余裕のあるうちに、計画的に撤収するか、管理を簡素化する。なお「計画的に」には、これまで道路の維持管理を仕事にしてきた人への配慮も含まれる。新しいビジネス創出のあと押しなども欠かせない。

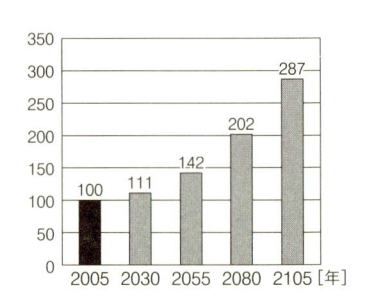

図22　1人あたりの道路維持管理費の負担の推移（2005年を100とした場合）

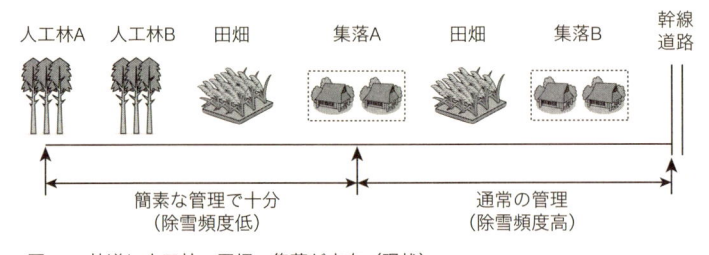

図23　枝道に人工林、田畑、集落が点在（現状）

2　工夫の実例

「工夫しだいで」といっても、それだけではわかりにくい。簡単なモデルを使って説明する。豪雪地帯の一本の枝道（左端は行き止まり、右端は幹線道路）に、人工林、田畑、集落が点在しているとする（図23）。幹線道路から集落Aまでは、除雪頻度が高い「通常の管理」が必要である。一方、集落Aよりも奥（左端まで）は、田畑と人工林だけなので、除雪頻度が低い「簡素な管理」で十分である。

集落Aが集落Bの場所に移転すると（図24）、「簡素な管理」で十分なところが増え、「通常の管理」が必要なところが減るので、維持管理費の削減が可能となる。その分、財政悪化に伴う無秩序な道路の縮退は遠のく。集落Aがあった場所に一人でも残っていたら削減はできない。

さらに左端の人工林Aを自然林に変えると（図25）、人工林Bよりも奥（左

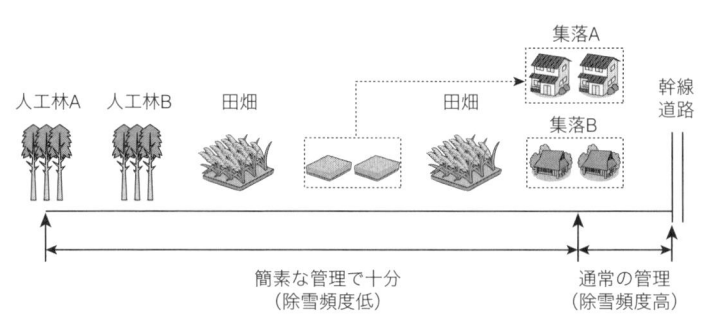

図24　集落Aが集落Bの場所に移転した場合

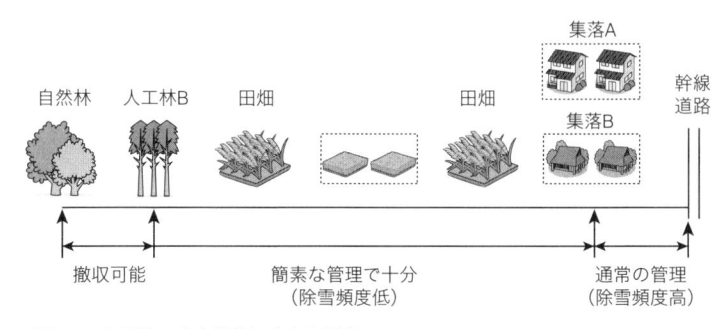

図25　人工林Aを自然林に変えた場合

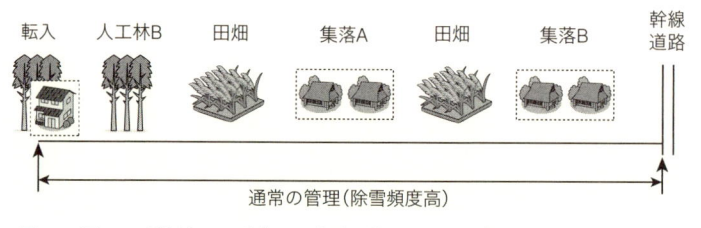

図26 図23の状況から一番奥に一人引っ越してきた場合

端まで）の道路は撤収することができる。無秩序な道路の縮退はさらに遠のくことになる。なお人工林Aはそのままで、人工林Bを自然林に変えた場合は、撤収はできない。

極端な話であるが、図23の状況から一番奥に、Iターンで一人引っ越してきたらどうなるか（図26）。「一人であっても、Iターンがあったことはすばらしい」と絶賛することもできるが、維持管理費の削減を考えるなら事態は最悪である。その場合、全区間が「通常の管理」となる。今度は逆に財政悪化に伴う無秩序な道路の縮退が近づくことになる。

実際の道路網は非常に複雑であるが、基本的には、手間がかからない土地利用が奥（行き止まり側）、手間がかかる土地利用が手前（幹線道路側）になるように再編すれば、道路網を縮退させることが可能になる。ここでは、GIS（地理情報システム）が大いに役に立つであろう。

なお、使用されていない道路を進入禁止にすれば、ゴミ投棄を防止することもできる。このような手法も、なりゆきまかせの道路網の縮退では不可能である。

3 維持管理費削減の計算例

ところで道路の維持管理にはどのぐらいの費用がかかっているのか。表4は、おおむねの年間維持管理費である（有料道路の場合はさらに料金徴収経費がかかる）。むろん、地形や環境（気候など）により、その費用は異なる。雪寒費の有無はかなり大きい。市町村道についてみると、雪寒費がある場合の維持管理費は、ない場合の1.8倍（＝ 0.9 ÷ 0.5）である。

道路の維持管理費削減の計算例[*63]を紹介しよう（詳しくはもとの文献を参

表4　道路種別ごとの年間維持管理費（参考）

[百万円/km]

	維持費	修繕費	雪寒費	交通安全費
高速道路	30	13		
都市高速	212	41		
一般国道（直轄）	8	7	3	6
一般国道（補助）	3	5	2	2
都道府県道（主要地方道）	5		1	
都道府県道（一般都道府県道）	3		1	
市町村道	0.5		0.4	

＊高速道路および都市高速の維持費には、雪寒費・交通安全費を含む。
＊都道府県道・市町村道の維持費には、修繕費および交通安全費を含む。
＊表中の値は消費税を含む。
出典：道路投資の評価に関する指針検討委員会『道路投資の評価に関する指針（案）第2版』㈶日本総合研究所、1999をもとに作成

表5　町全体で削減できる年間の道路維持管理費

		別の集合体とみなされる「建造物間の距離」		
		100m以上	200m以上	400m以上
孤立の判断	8個未満	1,125万円	765万円	525万円
	16個未満	1,445万円	860万円	595万円
	24個未満	1,695万円	1,065万円	755万円

出典：齋藤晋・林直樹「居住地再配置による道路維持管理コスト削減効果―京都府旧M町を事例として」『平成20年度農業農村工学会大会講演会講演要旨集』pp.104-105、2008をもとに作成

照）。対象は 3・2 でも登場した京都府旧M町（2000年時点で人口約4,400人）である。おおよその手順は次のとおり。①「建造物の集合体」を抽出する。別の集合体とみなされる「建造物間の距離」は、100m以上、200m以上、400m以上の3パターン。②「孤立した建造物の集合体」を抽出する。建造物の個数が一定数未満であれば、孤立しているとみなされる。8個未満、16個未満、24個未満の3パターン。③「孤立した建造物の集合体」が移転した場合に撤収できると考えられる道路を抽出する（ただし、この計算例では人工林や田畑などの存在は考慮されていない）。④町全体で削減できる年間の道路維持管理費を計算する。

　表5は削減できる年間の維持管理費である。少なく見積もっても、年間525万円、最大で年間1,695万円の削減が実現できるという。なお、これには雪寒費の削減は含まれていない。

旧M町は決して大きな町ではないが、それでも毎年525〜1,695万円削減できることが示された。旧M町に「特別な何か」があったということではない。ほかの町でも、かなりの削減ができると想像している。

（林　直樹）

第 **7** 章

積極的な撤退と地域の持続性

広域的、長期的な視点が不可欠。撤退は希望ある
未来にむけてのステップ（撮影：渡邉敬逸）

7・1
何を頼りによしあしを判断するのか

1 これまでの考え方

これまでの「村づくり」や環境保全は、過去のある時点のある側面を恣意的に選び出し、それに近づくかどうかで、よしあしを判断していた。「人々でにぎわっていたときの集落」「○○が生息していたころの環境」などが基準である。

「ある時点」には「高度成長期の直前」が選ばれることが多く、絶対視されていると感じることすらある。「高度成長期の直前の状態に戻さなければならない」と。しかし高度成長期の直前がベストである理由はどこにもない。この固定観念を排除することが、「積極的な撤退」の第一歩であろう。

高度成長期の直前の風景は何百年と続いてきたものではない。機会があれば新しい地図と古い地図を比較してほしい。ちょっと前まで実は荒れ地だった水田などがすぐにみつかるであろう。いつの時代も集落の風景は変化している。それは今後にも当てはまる。ただし、これは歴史や伝統を否定するという意味ではない。

2 環境の持続性で考える

では、いったい何を頼りに事業の「よしあし」を判断すればよいか。これからは環境の持続性を判断のよりどころにしてはどうか。考慮すべき期間は、最低でも30年～50年である。「環境」といっても、生物多様性などの自然環境にとどまるものではない。個々人の生活、共同体、農林業、財政なども含まれる。「地域」全体でみたとき、これらが持続することを「よし」と考えてはどうか。

何度も強調しているが、財政は非常に重要である。どれだけ「人と自然のために」と事業を進めても、財政が破綻しては意味がない。そうなれば自然環境保全のための予算などはおそらく一瞬で吹き飛ぶ。生活に直結した行政サービスもなかば機械的にカットされるであろう。財政を強調すると、「役人の退職

金を守るために山間地を切り捨てるのか」といった批判を受けるが、とんでもない誤解である。

「最低でも 30 年〜 50 年」となれば、次世代も考慮することになる。「現世代さえよければいい」と無責任に国債を発行し続け、次世代の未来を奪うことは許されない。地域間格差も是正すべきであるが、現在の日本には世代間格差について無神経な人が多いと感じる。

持続性を考えるときには、その地理的な範囲も重要である。ごく一部の成功だけを取り上げて、「成功」を連呼する時代は終わった。「積極的な撤退」では、ひとつ以上の市町村、あるいは「流域」の持続性を考える。

3 自然環境の持続性は生態系サービスで

個々人の生活、共同体、農林業、財政などの持続性は比較的わかりやすい。問題は自然環境の持続性であろう。あまりに漠然としている。もう少し具体的なもの、たとえば、「生態系サービス」*1 に置き換えて考えてはどうか。一口でいえば、生態系サービスとは、人々が自然から得る恵みのことである。

生態系サービスには、①供給サービス、②調整サービス、③文化的サービス、④基盤サービスがある。供給サービスは、生態系から得られた生産物（食料、繊維、燃料、遺伝子資源など）のことである。調整サービスには、大気質の調整、気候の調整、水の調整、土壌浸食の抑制などがある。文化的サービスとは、生態系から得る非物質的な便益のことである（教育的価値など）。そして、それらを根底から支えているものが、土壌形成などの基盤サービスである。単に「自然環境」といえば、あまりに漠然としているが、このようにていねいに整理すれば、具体的なものもみえてくる。

生態系サービスについては、研究者にまかせておけばよいと感じた人もいるかもしれない。しかし研究者の役割はかなり限定的である。全体としての生態系サービスは、個々の要素に対する「重要さ（配点）」によって、いくらでも変化する。「重要さ」が決まらないと話は進まない。そして要所において、研究者は「重要さ」を決めることはない（できない）。研究者にはその権限もなく、責任をとることもできない。「重要さ」は住民全員で決めることである。

（林　直樹）

4　集落診断士の役割

　ここまでの話は、「判断の基準」という意味での「頼り」である。ここからは住民にとって頼りになる人材、「集落診断士」について述べる。集落診断士については、兵庫県の研究所で行われた研究会で検討されたもので、詳しくは当該報告書[*2]に掲載されている政策提言である。現在、共同研究会「撤退の農村計画」では、「集落診断士（制度）」の確立に向けて研究を進めている。

　集落診断士は「集落移転推進員」ではない。ただし、それを排除することもない。必要があればそれらを検討することもすすめる。集落診断士は、「集落の将来に不安を抱えているものの、具体的な方策が見出せない集落」などを対象として、実情に応じた支援策を住民とともに検討・実施する。集落診断士の役割は次のとおりである。

(1) 集落の健康診断

①集落住民とともに集落の現状を把握して、ハザードマップや集落カルテを作成する。

②シミュレートによって、何も手を打たなかった場合の集落の将来を明らかにする（**4・2** 参照）。

③むらづくりワークショップを開催して、集落の将来について住民と話し合う。

(2) 体制の構築

①集落にリーダーがいない場合、集落に住む人のなかからリーダーを見つけて、育成する。集落診断士が集落のリーダーになることはない。

②都市部に住む若手を育成して、後述の「集落サポーター」として集落へ派遣する。

③派遣した集落サポーターを支援する。

④地域づくり協議会の設立や遠隔地の複数集落をネットワークさせて、集落運営の新たな枠組みを構築する。

(3) 支援策などの実践

①集落独自の自然環境をいかした環境学習プログラムを開発する。

②福祉タクシーや地域 SNS（コミュニティ型の Web サイト）の検討、インターネット注文の代行、コミュニティビジネスの創出などにより、集落の生活全

般をサポートする。
③必要に応じて集落移転や集落の尊厳ある最期をサポートしたり、文化芸能のアーカイブ化を進めたりする。
④集落が移転や尊厳ある最期に進むことを決めた場合には、最後の一人までが基本的な生活を維持できるようなプロセスを構築する。
⑤集落の適正な環境管理を推進して、下流域も含めた国土保全に寄与する。

5 集落サポーターの役割

集落サポーターは、大学新卒程度の年齢と経験で、農業に携わりながら集落の運営や生活をサポートしていくことができるような若手人材をイメージしている。集落サポーターは、集落密着型であり、1人で1～2集落を担当する。

一方、先述の集落診断士は、集落から少し距離をおきながら、1人で10～15集落を担当する。複数の集落を同時にサポートすることによって、連携が必要な集落同士の協働を促すことが可能となる。集落診断士になりうる人は、「まちづくりアドバイザー」「美しいむらづくりアドバイザー」「集落元気アドバイザー」など、集落に関する専門的な知見を持った人である。人口統計などにも明るい人が望ましい。

集落診断士は原則として都市部で情報を集めて、各集落の運営についてアドバイスする。そのため集落内に住み込むより、各種情報を得やすい都市部に住

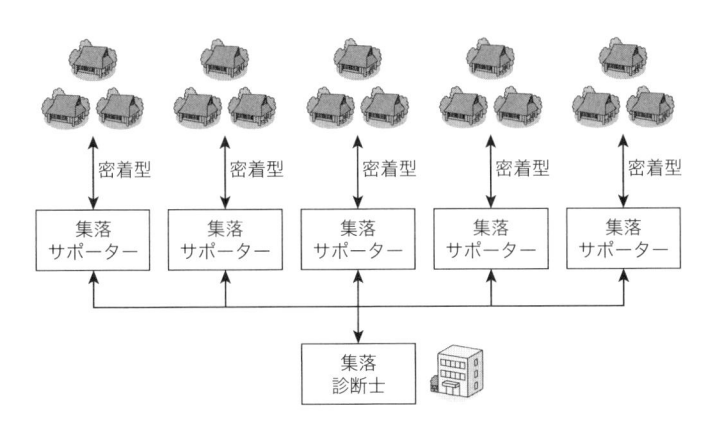

図1 重層的な集落支援のイメージ（作成：林直樹）

むほうが有利である。その点では、都市部の大学や研究機関やNPOの職員などがイメージに近い。

集落診断士は、集落サポーターと連携して重層的に集落を支援する（図1）。さらにその背後には集落支援機構が存在するが、それについては別の機会に触れたい。

ここまでの話で、総務省が進める「集落支援員制度」を思い浮かべた方も少なくないであろう。集落支援員は、集落への定期的な巡回、話し合いへの参加、再生に向けた新たな活動へのサポートなどを、市町村と協働して進めるという役割を担う人材である。集落診断士や集落サポーターは、集落支援員を排除するものではない。それどころか、ぜひ集落サポーターや集落診断士になってほしいと考えている。

6　集落診断士のモデルとなった職能

(1) 中小企業診断士

集落診断士という名称は、中小企業診断士からヒントを得ている。中小企業診断士は、もともと銀行が融資するかどうか迷っている企業を訪れて、その経営状況などを診断する職能であった。経営状況を診断して融資してもいいかどうかを判断する職能であったが、そのうち企業側から請われて経営診断をする職能に変化していく。つまり、どうすれば自社の経営が良好な状態になるのかを診断してアドバイスする職能になった。さらに発展して、現在では中小企業の集合体である商店街や商工会議所などから請われて、その地域全体がどうすれば売り上げを伸ばすことができるのか（製品開発やマーケティングや商圏設定など）についてのアドバイスをする職能になりつつある。

集落診断士も同じように集落の健康状態を診断し、どうすれば健康状態を良好な状態に持っていくことができるかをアドバイスしたり、実際にアクションを起こしたりする職能であると考えている。現在の集落のままで良好な状態へ持っていくことができるのであればそうすべきであるし、集落移転や統合などが必要な場合はそのことを助言する。

集落の健康診断は、客観的なデータと主観的なデータを合わせて集落の将来性を判断するものである。それは中小企業診断士が企業の外形データを把握し

つつ、当該企業の社長の意気込みや将来に対するビジョンを聞き出すことと似ている。集落の場合、客観的なデータとは、人口、高齢化率、病院までの道路距離、集落内の標高差、最深積雪量などであり、主観的なデータとは、安全安心の意識、空間管理や文化伝承の可能性、意気込みなどである。

(2) レンジャー

　1927年のアメリカにおける不況時には、ニューディール政策として様々な事業が実施された。そのうちのひとつに民間資源保存局による国立公園の管理があげられる。この事業は単に国立公園の森林を管理するだけでなく、維持管理を担うレンジャーという国家公務員を新たにつくり、多くの雇用を生み出すことにも成功した。レンジャーの主な役割は国立公園内の案内や自然学習プログラムの創出であるが、同時に森林の維持管理作業や不法侵入の取り締まりなど、多様な役割を担っている。また違反者に対する罰金や逮捕に関する権限を持つなど、広い職域を持つ新しい職能として誕生した。現在では約2万人のレンジャーがアメリカの国立公園で活躍している。集落診断士のもうひとつのモデルが、この「レンジャー」である。集落診断士は、森林管理のみならず集落の生活全般をサポートする。

　中小企業診断士についても同様であるが、レンジャーは無償のボランティアではないことを見落としてはいけない。好きなときに誰でも始めることができて、いつでもやめることができるようなものでもない。必ずしも国家公務員である必要はないが、集落診断士はあくまでプロフェッショナルでなければならないと考える。

(山崎　亮)

7・2
流域とは何か

　第5〜6章では、「積極的な撤退」を実施した場合に、福祉、医療、農林業、環境、財政などがどうなるか(どうすると良いか)を考えた。「積極的な撤退」で

は、跡地の利用や管理なども抜本的に見直す。よって、それは人間の活動だけでなく、自然環境にも大きな影響を与える。そうなると、市町村のような「人間の都合でできたまとまり」とは別の、「自然の都合でできたまとまり」で考えたほうがよいこともある。この「自然の都合でできたまとまり」が流域である。本節では、流域という視点から「積極的な撤退」を捉えることにする。

1　流域とは

　流域は地表面の起伏がもとになって自然にできた、雨水をためる「まとまり」である。図2をみてほしい。A川の周りの地面はA川より高くなっていて、傾斜している。そのため、A川の周りの土地（A1、A2、A3）に降った雨はすべてA川に向かって流れていく。この土地A1、A2、A3を合わせたものがA川流域である。流域は集水域とも呼ばれる。図2にはB川もあり、B川流域は土地B1、B2、B3を合わせたものである。

　ここでB1に降った雨がA3へと流れ、最終的にA川に注ぐということはない。あくまでB1に降った雨はB川へ流入する。そのため、A3とB1の間の線は分水界と呼ばれる。地理的には、分水界は山地の突起部である尾根となっている。

2　小流域とは

　もっと現実的な流域は図3のようになっている。通常、河川はいくつもの支川に枝分かれしているため、各支川が流域を持っている。この支川流域が小流

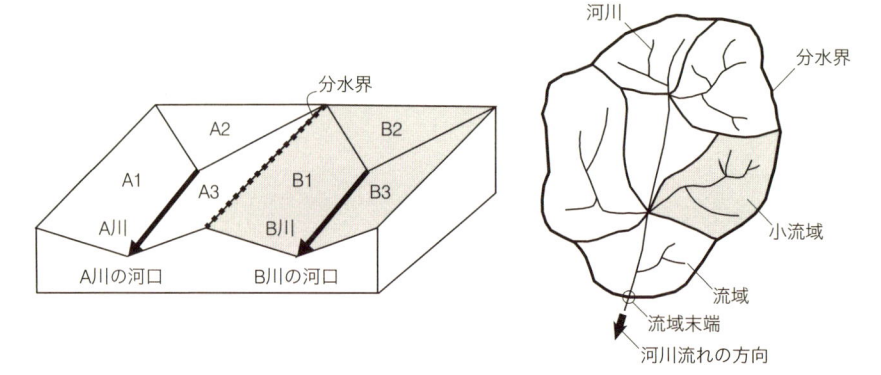

図2　河川流域　　　　　　　　　　　図3　一般的な流域（平面図）

域である。大きな河川（本川）の流域は、多くの小流域に分割することができる。

同じ（小）流域内にあっても、上流側にある集落と下流側にある集落とでは、標高や地表面勾配が大きく異なる。したがって、洪水、崩壊、地すべりの危険性も違う。気温、降水量が異なるため、植生も違う。

3 地下の水の流れも大切

流域での水の流れをもう少し詳しくみておこう。流域で、雨水は地表面だけを流れ下るわけではない。図4をみてほしい。地面に到達した雨の多くは土中にしみ込み、いろいろな速度で流れていく。一般に岩盤は水を通さないため、土中にしみ込んだ水は岩盤上にたまっている。これが地下水である。地下水も、最終的には流域内を流れる川に出てくることが多い。

ここでは、地下水の流れの速度が遅いという点が重要である。地表を流れる水（表面流）はとても速く、降雨時に川の流量が急増する。一方、地下の深いところを流れる地下水の速度は、たとえば1時間あたり0.01mm[*3]程度で非常に遅い。雨が降った時は、地下の浅いところを流れる地下水が生まれるが、これの速度も表面流より遅い。したがって、地下への水の浸透を促すような土地の利用や管理（特に上流部の森林の適正な管理）が、河川の急な増水を防いだり（洪水緩和）、水が下流にすぐに流れ去ってしまったりするのを防ぐ（水源涵

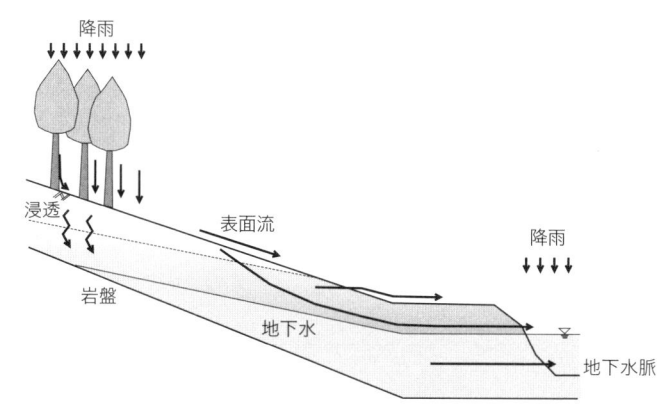

図4 流域斜面における雨水の移動経路

養）のに有効である。森林の土砂流出防備、二酸化炭素吸収といった機能を促進するための管理については、**6・4**をみてほしい。

　図3、4で、水の流れが上流から下流へと連続していることにも注意してほしい。決して上流、下流それぞれが独立した存在ではない。つまり、流域の住民は、治水・利水などにおいて、「運命共同体」ということができる。限られた予算の中、上下流の住民が協力して、流域内の自然の維持管理を継続していかねばならない。そうなると市町村単位よりも、流域単位で考えたほうがわかりやすいこともある。「積極的な撤退」では、流域の視点をしっかりと持って対策を考えていく。

4　水質や生態系にも影響

　水は流域内を連続して流下する。したがって流域内の一部だけで水の移動を考えても、うまく水量をコントロールできない。このことは、水に運ばれる土砂や窒素、リン、炭素といった「水の汚れ」にもあてはまる。土砂の移動は河川の生態系に重大な影響を及ぼす。降雨時の流出量増大に伴い河川へ過剰な土砂が流入すれば水が白濁し、魚類生息地の崩壊につながる。窒素やリンが湖沼や海に過剰に供給された場合は、藻類などが異常に増えて、水質が極端に悪くなる。

　「積極的な撤退」を実施すると、跡地や移転先の土地の利用や管理が大きく変化する。そうなると、排出される水の汚れの量も変化する。よって、「積極的な撤退」では水質保全の観点も不可欠である。なお、土地利用の適切な再編により、獣害の脅威も減らすことができる（**6・5** 参照）。跡地管理の法律的な側面については、**6・1** を参照してほしい。

5　小流域を考慮した集落移転の検討

　近畿北部の由良川流域を例として、「流域の視点を持ち込むとどうなるか」を少し説明しよう。ここでは集落移転を実施する場合を考える。由良川流域は実在のものだが、流域に実在する集落の移転を示唆するものではないことを最初におことわりしておく。図5をみれば、由良川流域が少なくとも県・府の境界とは一致していないことがすぐにわかる。よって、行政区分に基づく思考と流

図5　由良川流域の位置

域の視点の両方が必要となる。

　集落移転では、移転先と移転元の合意形成が重要である。合意形成に向けて、移転先と移転元の環境がどう変わるかを考えておくことが望ましい。流域内の地形、土地の利用や管理形態などについて、自然科学的な検討が欠かせない。これまでの集落移転をみるかぎり、それらが十分であったとは思えない。

(1) 医療、福祉を考慮した移転先の絞り込み

　集落移転の研究例を紹介したい。林・前川（2008）[*4]は集落移転を検討する問題において、特に移転先の決め方に焦点を当てて考察している。この研究における移転先の候補は図5の地域内にある、北近畿タンゴ鉄道の30個の駅周辺地である。移転先に求められる条件として、①鉄道駅の直近、②商業施設や医療施設が徒歩圏（＝半径2kmの円内）に存在、③役場や郵便局が徒歩圏に存在、④比較的平坦地、⑤新たな居住地が建設できる空間的余裕の存在、の5つをあげている。そして、電子地図および市街地図を用いた分析と現地踏査の結果、峰山駅、久美浜駅、宮村駅、大江高校前駅、大江駅の5駅周辺を移転先候補としている。これらのうち、由良川流域内には大江高校前駅と大江駅が存在している（図6参照）。

(2) 流域の視点の導入

　由良川流域内の集落移転について、今度は小流域の観点から考えてみよう。

現在は、GIS（地理情報システム）と安価に入手できる数値標高データを利用することにより、流域や小流域の位置を比較的容易に特定することができる。図6は、標高データを用いて特定した小流域と河川の位置を示している。移転先候補としてあげられた大江高校前駅と大江駅は由良川流域下流部に位置する。由良川流域（図6）の面積は 1,866km^2 であり、最高地点の標高は 877m である。一方、大江高校前駅、大江駅の標高は 21m、11m である。流域の平均標高 278m と比較して、両駅はかなり低い位置にある。

　水の流れを考えてみよう。図6に示した小流域すべてに降った雨のうち、地表水はすべて河口に流れていく。この範囲は、水でつながった「運命共同体」である。ただし、その流下経路は沢山ある。少し細かくみてみよう。実は同じ「運命共同体」同士でも、そこには程度の差が存在する。たとえば、図6で最上流部にある小流域 27 で降った雨は、太矢印のようなルートをたどっていく。良し悪しはさておき、小流域 27 の土地の利用や管理が変わるとどうなるか。水の流れから、小流域 26 は、治水や利水、水質などで影響を受けるが、小流域 28 は隣であっても影響を受けにくい。小流域 26 に伝播した影響は下流側の小流域 25 に伝わるが、小流域 29 には伝わりにくい。直接影響を受ける小流域は 26、25、23、14、13、8、7、3、1 である。土砂災害といった自然災害が発生した場合、当然、これらの小流域の住民は真剣になるし、何か手を打つなら、

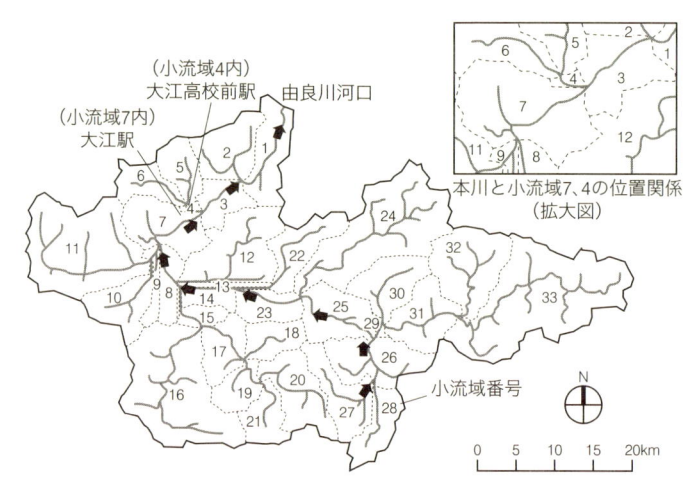

図6　由良川流域内の小流域と流れ方向の例（矢印）

協力してくれる可能性も高くなる。

　小流域 27 にある集落が、「積極的な撤退」の一環として、どこかに移転するとしよう。小流域 7 にある大江駅周辺、小流域 4 にある大江高校前駅周辺では、どちらが移転先として望ましいか。ただし、土地などに関する両者の条件は等しいと仮定する。

　移転する側ではなく、移転を受け入れる側の気持ちを考えると、大江駅周辺のほうが望ましいであろう。その理由は水の流れにある。仮に「積極的な撤退」をしないでいることにより小流域 27 にある集落が無秩序に崩壊して土砂災害が発生した場合、大江駅周辺（小流域 7）は、その影響を大きく受けてしまうが、大江高校前駅周辺（小流域 4）が影響を受ける可能性は低い。大江駅周辺の住民にとって、小流域 27 の問題はまったく人ごとではない。一方、「積極的な撤退」が実施されれば、集落移転と同時に、小流域 27 の土地の利用や管理が見直され、その結果、大江駅周辺の土砂災害の危険性も下がる。つまり「積極的な撤退」は大江駅周辺の住民にとってもメリットが大きい。その分、何かと協力してくれる可能性も高くなる。よって、小流域 27 にある集落の移転先としては、大江高校前駅周辺よりも大江駅周辺のほうが望ましいと思われる。

　「積極的な撤退」において集落移転を考える場合、移転元と移転先がどの小流域にあるか、移転が治水や利水、環境保全上どのような影響を及ぼすか予測しておくことが重要である。

　過疎地対策としては、これまで行われてきたような医療・福祉、交通利便性、雇用といった事項の検討も大切である。ただし、自然災害の防止、水質環境・生態系の保全などについては、流域内の水と物質の移動を考えた自然科学的な分析も重視していく必要がある。これによって、たとえば、住民が集落移転を決断しなければならない状況になった場合、前述のように、より良い移転先を見つけることや、移転先の住民と跡地の管理について建設的に議論することが可能となる。満足度の高い解決案を模索するには、流域の視点が大切である。

　　　　　　　　　　　　　　　　　　　　　　　　　　　（前田　滋哉）

7・3
撤退は敗北ではない

1　100年先を見据えて

　撤退は敗北なのか。広辞苑によると、「撤退」とは「軍隊などが、陣地などを撤去して退くこと」である。撤退は別に敗北ではない。それにもかかわらず、世間では「撤退といえば敗北」であり、「敗北といえば責任者さがし」となってしまう。私たちは、まずこの体質を改めるべきであろう。

　「積極的な撤退」は敗北ではない。それは希望ある未来、持続性のある社会に向けてのプロセスのひとつである。これを理解するためには、長い「時間軸」が必要である。5年や10年では短い。ここでの「長い」とは、少なくとも100年先まで考えることを意味する。しかも現在から100年後が連続していることが肝要である。

2　人口減少はわるいことばかりではない

　「100年先」と述べたが、100年先の人口はいまよりずっと少ない。ただし少ない人口であれば山野を破壊することなく、その恵み（生態系サービス）を持続的に利用することができる。人口減少時代において、時間は味方をしてくれないことが多いが、この意味では時間が味方となりうる。

　「山野の恵み」の総量に対して、現在の日本の人口は多すぎる。たとえば石油の代わりに、薪や木炭を使うとしよう。日本の森林をすべて薪炭林として運用しても、人口6,250万から1億2,500万人分が限界である[*5]。現実には、「すべて薪炭林」は不可能である。過度の伐採によって、ハゲ山だらけになることは目に見えている。もちろん、現在の木質バイオマスなどの利用自体を否定するつもりはまったくない。

　山地を放牧などの畜産に利用すれば、食料自給率を70％に引き上げることは不可能ではないという[*6]。それでも100％には届かない。日本は国土の面積に

対して人口が多すぎる。食料自給率100%は遠い夢の話である。しかし人口が減少するなかで、農業の生産性を高め、生産量が変わらないようにすれば、需要の減少に呼応して、食料自給率は向上、100%に近づくであろう。

　人口減少は決してわるいことばかりではない。自然への負荷を考慮すると、「人口が減少した状態」はむしろ望ましいことであろう。問題は「人口が減少した状態」ではなく、「そこに至るまでのプロセス」である。人口増加とともに、私たちは山野をきりひらき、次々と宅地や農地を開発した。人口減少時代はその逆である。つまり、全体的にみれば宅地や農地がもとの山野に戻っていく。そのプロセスにおいて、過疎集落に弱者が取り残されたり、山野の恵みが損なわれたりすることがあってはならない。本節のはじめに、「現在から100年後が連続していることが肝要」と述べたことを思い出してほしい。

3　チャンスをいかすことができるか

　人口が減っても、石油や食料の大量輸入が続くかぎり、山野の恵みを利用することはあまりないであろう。ただし私は現在のような「石油や食料の大量輸入に依存した社会」が何百年も続くとは考えていない。直感的なものであるが、そのうち身近な山野の恵みに頼る日がふたたび訪れると感じている。もちろん、それは農山村再建のチャンスである。都市部から農村部への大規模な人口移動も夢物語ではない。もっとも、「そのうち」といっても、5年や10年先のことではない。それはたぶん、100年、200年先であろう。

　「農山村の時代がふたたび訪れるというなら、撤退などもってのほかではないか。現在の方針（断固死守）を変えるべきではない」という声が聞こえてくるかもしれない（この本をここまでお読みになった方なら、そのような批判はありえないであろうが）。

　しかし、現状は第1章などで説明したとおりである。体が不自由になった高齢者から、ぽつりぽつりと集落を離れる。行き先はばらばらで、共同体も山あいの文化も四散する。失われる文化は、お祭りだけではない。山野の恵みを利用するための技術なども失われる。50年後に残っているものといえば、荒れ果てた田畑や人工林などである。「先祖代々の土地」という言葉で登場する「ご先祖さま」は、この状況をどのようにみるか。とても不安である。山林について

は所有者もわからない。所有者がわからなければ、何か新しいことをしようにも話は進まない。「財政は二の次」と国債などを発行し続ければ、その返済も大変な重荷になっているであろう。こうなっては再起の芽もない。農山村の時代がふたたびおとずれても、そのチャンスをいかすことはできないであろう。「最後の一人まで住み続けた」ことは評価されるべきであろうが、「地域の持続性」という面では明らかに敗北である。私たちは、現在から100年後を「連続的に」考えなければならない。夢を語ることは大切であるが、直近の問題から目をそむけて、100年後の夢を語っても意味がない。

　教育についても似たようなことがあてはまる。現在、「農山村の自然は大切」という教育が徹底的に進められている。農山村のすばらしさに目覚めた人がIターンやふるさと納税を実践するとなれば、過疎集落の選択肢もかなり増えるであろう。教育も非常に大切であると考えている。ただし教育の効果は、じわりじわりと何十年もかけて出現するものである。目に見える形で効果が出たとき、過疎集落が無事である可能性はむしろ低い。

4 「積極的な撤退」は力の温存

　「積極的な撤退」には、「（現在の）高齢者のために」という面だけでなく、ふたたび訪れる農山村の時代に向けての準備という面もある。長い時間軸でみれば、「積極的な撤退」は、力を温存するための一時的な後退である。「積極的な撤退」を実施すれば、50年後の農山村の姿は、前述のものとは、まったくことなる。場所こそ違うものの、共同体も生き残る。山野の恵みを利用するための技術も堅持（種火集落など）することができる。放牧などに利用している田畑は、いつでももとに戻すことができる。大きなスギやヒノキが残る針広混交林もある。所有者も明らかであり、新しい土地利用のアイデアを実現させるための交渉も進展する。行政サービスの効率化により、国債などの残高も低くおさえられ、自由に使うことができるお金もある。教育の効果も出ているはずである。この条件であればチャンスをいかすこともできる。勝算は十分ではないか。「積極的な撤退」はふたたび訪れる農山村の時代に向けての準備であり、その先には、希望ある未来、持続性のある社会が待っている。

　「100年先のことなどどうでもよい」と一蹴する人もいるかもしれないが、農

山村には、「子や孫、ひ孫のために」と、スギやヒノキを植えた人々の精神が残っている。100年先を考えた計画を成立させるためのポテンシャルは高いと考えている。

卑近な例であるが、風雪のなか、外で待ち合わせをしたとしよう。いつまでたっても相手は来ない。かぜをひいても、そこで待ち続けるという手もあるが、近くの喫茶店に入って待つという手もある。「風雪」は現在の過疎集落の逆境、「待ち続ける」は「このまま衰退」、そして、「喫茶店に入って待つ」が「積極的な撤退」である。私なら、かぜをひいて家に帰るより喫茶店で待つことを選ぶ。

5　誇りの再建

「積極的な撤退」が「希望ある未来に向けてのプロセスのひとつ」になるかどうか。そのカギをにぎる精神的な要素が住民の「誇り」である。小田切氏[*7]によると、中山間地域では人の空洞化（人口の自然減少）、土地の空洞化（農林地の荒廃）、むらの空洞化（集落機能の脆弱化）、そして「誇りの空洞化」が進んでいるという。小田切氏は山村の住民の「うちの子にはここには残って欲しくなかった」「ここで生まれた子どもがかわいそう」といった言葉から、「誇りの空洞化」を感じたという。

誇りが空洞化したままの「積極的な撤退」は、「消極的な撤退」よりはましであろうが、希望のある未来に向けてのプロセスにはなりえないと考える。「ここに生まれたことを誇りに思う（誇りの再建）」→「ただし今は状況がわるい」→「ふたたび戻る日にそなえて力を温存しよう（積極的な撤退）」という流れが理想的である。これまでの流れは「ここに生まれたことを誇りに思う」→「最後の一人になってもこの場に残ってがんばろう」であった。つまり、「積極的な撤退」においても、農山村再生の第一歩は変わらないということである。ただし過疎集落のひっ迫した状況を考えると、「誇りの再建」に何年も時間をかけることはできない。

6　足し算の支援、掛け算の支援

震災復興から学ぶことは非常に多い（4・2 参照）。見方を少し変えると、震災には「集落の時間を進める」「高齢化などの集落の問題を顕在化させる」という

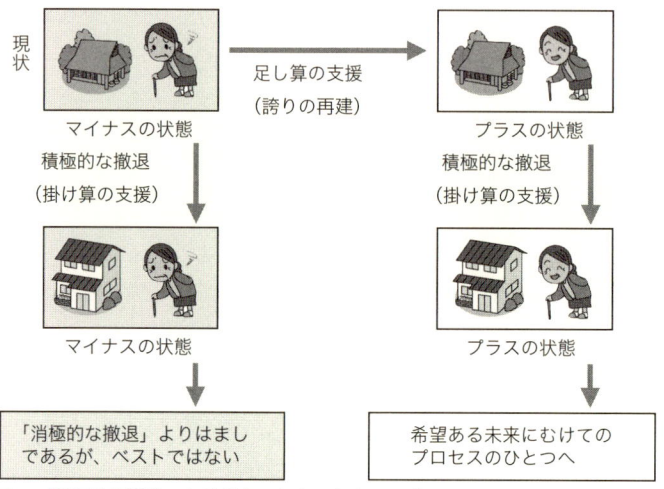

図7 「積極的な撤退」を希望ある未来に向けてのプロセスへ

はたらきがある。そのため、震災復興の教訓の多くは、平時の「過疎集落の再建」にもあてはまる。

中越防災安全推進機構・復興デザインセンター（前・中越復興市民会議）の稲垣氏[*8]によると、地域振興には、「足し算の支援（自己の本質を問い直す手伝い）」と「掛け算の支援（都市との交流、グリーンツーリズム、農産物のブランド化など）」があり、「地域がマイナスの状態（たとえば閉鎖性、保守性、依存性が強い状態）」で「掛け算の支援」を行っても、地域はマイナスのままである（地域は動かない）という。「掛け算の支援」の前に、「足し算の支援」を積み重ね、地域をプラスの状態にすることが先である。なお、マイナスであった地域がプラスに変わると、合い言葉が生まれるという。

これにあてはめるなら、「積極的な撤退」は「掛け算の支援」である（図7）。「地域がマイナスの状態」で「積極的な撤退」を実施しても、住む場所や跡地の景色が変わるだけで、地域の状態（マイナス）は変わらない。「積極的な撤退」が希望ある未来に向けてのプロセスのひとつになるとは考えにくい。少々遠回りになっても、「積極的な撤退」の前に「足し算の支援」で地域をプラスの状態に押し上げるべき（合い言葉を待つべき）である。これは「誇りの再建」と言い換えてもよいであろう。

（林　直樹）

注

1章

*1 大野晃「山村の高齢化と限界集落」『経済』7、pp. 55-71、1991
*2 国土交通省・総務省「国土形成計画策定のための集落の状況に関する現況把握調査（図表編）平成18年8月」2007
*3 安全・安心まちづくり研究会『安全・安心まちづくりハンドブック―防犯まちづくり編』ぎょうせい、1998
*4 林野率80％以上かつ耕地率10％未満の旧市区町村または市町村
*5 農林水産省統計部「2005年農林省センサス（第7巻）農山村地域調査及び農村集落調査報告書」農林統計協会、2007
*6 たとえば、「耕作放棄田 ほっとけぬ」京都新聞、2008年4月30日
*7 林直樹「農地の維持に必要なボランティアの人数」『平成20年度農業農村工学会講演要旨集』pp. 100-104、2008
*8 たとえば、「セブン＆アイ 農業参入」読売新聞、2008年6月20日
*9 木下大輔・九鬼康彰・武山絵美・星野敏「和歌山県における獣害対策の実態と農家および非農家の意識」『農村計画学会誌』第26巻論文特集号、pp. 323-328、2007
*10 農林水産省『平成20年版食料・農業・農村白書』時事画報社、2008
*11 たとえば、「森林保全 地域に偏りも」京都新聞、2008年9月8日
*12 林野庁『平成20年版森林・林業白書』日本林業協会、2008
*13 アンケート調査は、村が2008年8月中旬から下旬にかけて15歳以上の村民全員を対象に実施した。調査票は村内全世帯に調査票を3票同封し、区長等を通じて配布回収を行った。調査対象者3,663人に対して、回収票数は2,075票（回収率57％）であった。
*14 若菜千穂・広田純一「生活交通確保策としてのスクールバスと一般乗合バスの統合の条件に関する研究―北海道および岩手県の事例分析から」『農村計画論文集』第5集、pp. 169-174、2003
*15 竹内龍介・大蔵泉・中村文彦「運行特性を踏まえたDRTシステムのコスト分析に関する研究」『第20回土木計画学会論文集』2003
*16 秋山哲男・中村文彦『バスはよみがえる』日本評論社、2000
*17 金載晃・秋山哲男・鎌田実「フレキシブルバス運行実験の利用特性と予約配車システムの適用性について」『第23回交通工学研究発表会論文報告集』pp. 265-268、2003
*18 柳原崇男、三星昭宏、保井太郎、平松聡「デマンドバス非利用者からみたデマンドシステムに関する基礎的研究―大阪府岬町を事例として」『土木学会年次学術講演会講演概要集』第4部58巻、2003
*19 若菜千穂・広田純一「過疎地有償運送の導入条件と課題」『第32回土木計画学研究発表会・講演集』CD-ROM、2006
*20 笠谷範佳「高齢運転者の事故実態について」『月刊交通』2005.2、pp. 18-25、2005
*21 池野多美子・長田久雄「高齢者のダム建設にともなう移転後の適応―抑うつに関する

要因について」『老年社会科学』25(4)、pp. 440-449、2004
* 22 福与徳文「集落の再編戸数と葬儀の出役人数―過疎地域における集落再編を計画する視点の一つとして」『農業と経済』71(3)、pp. 68-74、2005
* 23 農村開発企画委員会「平成18年限界集落における集落機能の実態等に関する調査」2007

2章

* 1 藤沢和「集落の消滅過程と集落存続の必要戸数―農業集落に関する基礎的研究 (I)」『農業土木学会論文集』98号、pp. 42-48、1982
* 2 橋詰登「消滅集落への統計的アプローチ―農業集落の存続と中山間地域での存続条件」『農業および園芸』79巻10号、pp. 1049-1056、2004
* 3 大野晃『山村環境社会学序説』農文協、2005
* 4 齋藤晋「京都府下における消滅危惧集落の将来予測」『2007年度農業土木学会大会講演会要旨集』pp.80-81、2007
* 5 人口推計において、計算上では人口は小数点以下の数値で算出される。その後、四捨五入によって整数値になる。ここではその四捨五入前の数値を「理論値」といっている。そして、その値が0.5未満ということは、このコーホート（ここでは25〜34歳女性、すなわち出産に大きく関わるコーホート）の推計人口が四捨五入しても0になる、ということである。
* 6 「農業地域類型」が「中間農業地域」「山間農業地域」にあたる旧市区町村（いわゆる「昭和の大合併」以前の行政区分のことを指す。最近の「平成の大合併」以前のそれを指すものではない）に属する農業集落のみとする。絞り込みでは、「2000年世界農林業センサス農業集落カード」を使用する。
* 7 たとえば、以下の書籍などで詳しい説明が書かれている。石川晃『市町村人口推計マニュアル』古今書院、1993
* 8 子ども性比ともいう。
* 9 コーホート要因法で人口を推計するためには、男女別・5歳刻みの年齢層別の人口データが必要であるが、「一覧表」の場合、「0〜14歳」がひとまとめになっている。「75歳以上」もひとまとめになっている（精度が落ちる）。そこで「0〜14歳」と「75歳以上」の農家人口については、集落が属する市町村の年齢層別人口（平成12年国勢調査）に基づき按分する（分割する）。
* 10 この関係式は2000年の「農家の平均世帯員数」「65歳以上の農家人口の割合」に対する回帰分析から求めたものである（データはいずれも「一覧表」から）。本稿の分析のために作ったものであり、たとえば他県で同様の分析をするなら作り直す必要がある。
* 11 農林水産省大臣官房統計部「都道府県別の10a当たり平年収量」2010
* 12 一般的な「はたけ」の意、ここでは「畑」の字は焼き畑のみに用いる
* 13 永松敦「九州山間部の焼き畑耕作」『九州民俗学』第2号、九州民俗学会、pp.1-38、2002
* 14 永松敦「伝統的農法と地球環境―現代社会における農山村の役割」『地域政策研究』第

45号、財団法人地方自治機構、pp. 6-11、2008
* 15 柳田國男「後狩詞記」『定本柳田國男集』第27巻、1970
* 16 守山弘『水田を守るとはどういうことか』㈳農山漁村文化協会、1997
* 17 大窪久美子「日本の半自然草地における生物多様性研究の現状」『日本草地学会誌』48、pp.268-276、2002
* 18 環境省自然環境局「日本の里地里山の調査・分析について（中間報告）」http://www. env. go. jp/nature/satoyama/chukan. html
* 19 守山弘『自然を守るとはどういうことか』㈳農山漁村文化協会、1988
* 20 近藤高貴「用水路の淡水二枚貝群集」『水辺環境の保全—生物群集の視点から』pp. 80-92、1998
* 21 由井正敏・関山房兵・根本理・小原徳応・田村剛・青山一郎・荒木田直也 「北上高地におけるイヌワシ Aquila chrysaetos 個体群の繁殖成功率低下と植生変化の関係」『日本鳥学会誌』54、pp. 67-78、2005
* 22 環境省自然環境局・生物多様性センター『第6回自然環境保全基礎調査報告書—種の多様性調査—哺乳類分布調査』2004
* 23 平川浩文・樋口広芳「生物多様性の保全をどう理解するか」『科学』67、pp. 725-731、1997
* 24 酒泉満「遺伝学的にみたメダカの種と種内変異」『メダカの生物学』（江上信雄・山上健次郎・嶋昭紘編）東京大学出版会、pp. 143-161、1990
* 25 杉山秀樹・神宮字寛「ため池における外来魚・オオクチバスの影響と駆除」『農業土木学会誌』73、pp. 797-800、2005
* 26 大黒俊哉「農村の生態系サービスと自然再生」『農村計画学会誌』27、pp. 3-6、2008
* 27 鳥居厚志「里山林の放置と竹林の拡大」『四国の森を知る』No. 2、2004
* 28 日浦啓全・有川崇・ドゥラ・ドゥルガ・バハドゥール「都市周辺山麓部の放置竹林の拡大にともなう土砂災害危険性」『日本地すべり学会誌』41、pp. 1-12、2004
* 29 額賀信『「過疎列島」の孤独—人口が減っても地域は甦るか』時事通信社、2001
* 30 国立社会保障・人口問題研究所『日本の市区町村別将来推計人口（平成15年12月推計）』厚生統計協会、2004
* 31 矢野康治『決断！待ったなしの日本財政危機—平成の子どもたちの未来のために』東信社、2005
* 32 道路投資の評価に関する指針検討委員会『道路投資の評価に関する指針（案）第2版』㈶日本総合研究所、1999

3章

* 1 内閣府「都市と農山漁村の共生・対流に関する世論調査（平成17年11月）」2006
* 2 「地方"兼居"の構想」『地方財務』2004. 7
http://www. mlit. go. jp/kisha/kisha05/02/020329/02. pdf（2009年5月1日）参照
* 3 「わが家のミカタ」朝日新聞、2009年3月3日
* 4 大塚祐志「空き家バンクの現状と利用制度に関する考察」『芝浦工業大学システム工学部環境システム学科梗概集』2007 http://www. itailab. se. shibaura-it. ac. jp/kankyo_

system/event/event2008/kougai2008/data/pdf/r04013.pdf（2009年5月1日）参照
* 5　中園眞人・山本幸子「「ふるさと島根定住財団」の空き家活用助成制度と自治体の取り組み」『日本建築学会計画系論文集』第603号、p. 65、2006
* 6　文部科学省「公立学校の年度別廃校発生数」
http://www. mext. go. jp/a_menu/shotou/zyosei/yoyuu. htm（2009年5月1日）参照
* 7　厚生労働省大臣官房統計情報部人口動態・保健統計課「2004年 医療施設（動態）調査・病院報告の概況」p. 11、2005
* 8　石川晃『市町村人口推計マニュアル』古今書院、1993
* 9　林直樹・齋藤晋・高橋強「我が国の農業労働力の動向と将来推計」『平成17年度農業土木学会大会講演会講演要旨集』pp. 528-529、2005
* 10　農林水産省「平成19年に発生した農作業死亡事故の概要」2009
* 11　齋藤晋・林直樹「定年帰農を取り入れた将来人口推計―京都府旧M町を事例として」『第64回研究発表会要旨集・農業農村工学会京都支部』pp. 148-149、2007
* 12　林直樹・齋藤晋「二地域居住の限界と集落移転の実際」『第37回環境システム研究論文発表会講演集』pp. 81-86、2009
* 13　2000年と2005年の国勢調査の人口を使用。年齢不詳は各年齢層に按分。「性、年齢別コーホート変化率」は、2000年→2005年の値が続くものとする。婦人子ども比、子ども性比は、2005年の値が続くものとする。参考文献：石川晃『市町村人口推計マニュアル』古今書院、1993

4章

* 1　集落消滅期において「尊厳ある暮らし」を保障する（看取る）。集落の存在を記録保存する。作野広和氏はこれを「むらおさめ」といった。作野広和「中山間地域における地域問題と集落の対応」『経済地理学年報』第52巻、pp. 264-282、2006
* 2　小田切徳美『農山村再生―「限界集落」問題を超えて』岩波書店、2009
* 3　鷲谷いづみ・矢原徹一『保全生態学入門―遺伝子から景観まで』文一総合出版、1996
* 4　有田博之「ウシの放牧がもつ耕作放棄田の管理機能と土地利用」『農業土木学会論文集』第235号、pp. 51-58、2005
* 5　「多自然居住地域における安全安心の実現方策研究会（財ひょうご震災記念21世紀研究機構）」の長岡市視察時に行ったヒアリングより
* 6　山下祐介・菅磨志保『震災ボランティアの社会学』ミネルヴァ書房、2002
* 7　毎日新聞1998年2月17日の記事より
* 8　落合明美「新潟県中越地震被災地をたずねて―応急仮設住宅とサポートセンター千歳」『いい住まいいいシニアライフ65（財団ニュースVol. 65）』pp. 23-32、2005
* 9　福与徳文・内川義行・橋本禅・武山絵美・有田博之「中越地震における農村コミュニティ機能」『農業土木学会誌（水土の知）』第75巻第4号、pp. 11-15、2007
* 10　池野多美子・長田久雄「高齢者のダム建設に伴う転居後の適応―抑うつに関する要因について」『老年社会科学』25(4)、pp. 440-449、2004
* 11　外木典夫「山村における集落再編成（その1）秋田県田代町の事例を中心に」『早稲田

大学大学院文学研究科紀要』第 21 輯、pp. 1-17、1976
* 12 須永芳顕「集落移転の実態（1）山形県小国町の事例」『農業総合研究』第 30 巻 1 号、pp. 131-157、1976
* 13 松下高輝他「廃村へのソフトランディング―市町村枠を超えた集落移転による過疎地域の再編」『自治研究』第 69 巻 4 号、pp. 98-121、1993
* 14 木村和弘「滋賀県余呉町における集落再編成事業」『信州大学農学部紀要』第 11 巻 2 号、pp. 281-313、1974
* 15 須永芳顕「集落移転の実態（2）山形県白鷹町および最上町の事例分析」『農業総合研究』第 30 巻 2 号、pp. 133-162、1976
* 16 白崎金三「余呉の山深く消えた村とその移住」『湖国と文化』第 55 号、pp. 37-43、1991
* 17 平野聖子・室井研二・中村晋介「過疎山間地域の高齢化―山口県錦町における集落・家族・福祉サービスの現状と展望」『人間科学』第 3 号、pp. 61-92、1997
* 18 三俣学「市町村合併と旧村財産に関する一考察―環境保全・コミュニティ再考の時代の市町村合併の議論に向けて」『日本民俗学』第 245 号、pp. 68-98、2006
* 19 木村和弘「長野県における集落移転について―豊田村美沢地区の跡地利用の実態」『農村計画』第 5 号、pp. 21-29、1975
* 20 篠原重則「四国山地における集落移転とその諸問題―徳島県木頭村と愛媛県日吉村の事例」『地理学評論』第 49 巻 4 号、pp. 217-235、1976
* 21 農村開発企画委員会「中山間過疎地域における集落の消滅・農地の荒廃―集落再編に関する調査（1）」『農村工学研究』第 54 号、1992
* 22 松村洋夫「小規模・高齢化集落の存続―その後「存続困難集落」はどうなったか」『新しい農村計画』第 131 号、pp. 12-34、2007
* 23 当時、本之牟礼地区には 10 世帯住んでおり、そのうち 3 世帯は市外へ各々で移転した。
* 24 林直樹・齋藤晋「二地域居住の限界と集落移転の実際」『第 37 回環境システム研究論文発表会講演集』pp. 81-86、2009
* 25 当時の担当者によると、この集落移転で用いられた「過疎地域集落再編整備事業」の事業要件のひとつに「移転集落が 10 世帯以上」があったという。10 世帯にまで減少していた本之牟礼地区にとっては、これも移転を決める要因になった。
* 26 阿久根市「本之牟礼部落の世帯数・人口・児童数のうつりかわり S30 ～ S60」1985
* 27 本之牟礼地区の西にある沿岸部の牛之浜地区の簡易水道の水源が、分校跡近くにあり、それも道路の管理を続ける要因となっている。

5 章

* 1 大西文夫「高齢者の生活の足　鉄道がなくなった今―のと鉄道廃止と高齢者の暮らし」『月刊ゆたかなくらし』281、pp. 62-65、2005
* 2 厚生労働省大臣官房統計情報部「平成 17 年医療施設調査」2005
* 3 総務省統計局「平成 17 年国勢調査」2005
* 4 江原朗「地方都市の救急医療体制は崩壊しているのか―市・区の人口と救急告知病院

数との相関」『医学のあゆみ』224、pp. 649-650、2008
* 5 田中哲郎・田久浩志・市川光太郎ほか「二次医療圏毎の小児救急医療体制の現状評価に関する研究」『平成13年度厚生科学研究』2001
* 6 厚生労働省大臣官房統計情報部「平成16年医師歯科医師薬剤師調査」2004
* 7 日本小児科学会「小児医療改革説明資料（基礎データ）」2005年5月24日
http://jpsmodel. umin. jp/DOC/HospPediatriciansAnalysisAbstract. doc
* 8 厚生労働省「第20回生命表（完全生命表）」2007
* 9 内閣府「平成18年版国民生活白書」2006
* 10 道路投資の評価に関する指針検討委員会「道路投資の評価に関する指針（案）第2版」㈶日本総合研究所、1999
* 11 西神楽地域における「冬期集住・二地域居住 環境推進モデル事業」
http://www. mlit. go. jp/kokudokeikaku/aratana-kou/result/02. pdf
* 12 総務省自治行政局過疎対策室「過疎地域集落等整備事業費補助金交付要綱（平成20年4月）」2008
* 13 沼野夏生「条件不利地域の自治体と地域組織における農村移住者の参画実態」『日本建築学会大会学術講演梗概集』E-2、pp. 585-586、2005
* 14 田中淳夫「Iターン呼び込む集落の悩み―理想と現実」『農林経済』9843号、pp. 8-11、2007
* 15 高木学「過疎活性化にみる「都市―農村」関係の諸相 ―Iターン移住者を巡る地域のダイナミズム」『京都社会学年報』第7号、pp. 121-140、1999
* 16 いわき市戸渡地区で小学校分校が廃校になり、校舎の解体が決まった際に、校舎の存続を訴える運動がおこったことをきっかけとして、2001年に戸渡地区の移住者と地元住民で結成されたむらづくり組織。我々が「種火集落」の着想を得るうえで、大きなヒントを与えてくれた。
* 17 東俊之「変革型リーダーシップ論の問題点―新たな組織変革行動論へ向けて」『京都マネジメント・レビュー』第8号、pp. 125-144、2005
* 18 岡部守「農村新規移住者と農村移住コーディネーター」『農村生活研究』第45巻2号、pp. 29-35、2001
* 19 「本当の意味での地域力を移住者が受け継ごうと「百姓養成塾」などがスタート―和歌山県那智勝浦町色川地域」『ガバナンス』第89号、pp. 38-41、2008

6章

* 1 内田貴『民法I（第二版）』東京大学出版会、1999
* 2 内田貴『民法III』東京大学出版会、1997
* 3 たとえば農林水産省ホームページ「農地法等の一部を改正する法律（概要）」など
* 4 吉田光宏『農業・環境・地域が蘇る―放牧維新』家の光協会、2007
* 5 津田恒之『牛と日本人―牛の文化史の試み』東北大学出版会、2001
* 6 上田栄一・藤井吉隆「家畜放牧ゾーニングによる中山間地域の活性化」『農業と経済』2005. 3

* 7 池田哲也「豊かな国土生産力を次世代に〔3〕」『農業および園芸』第 82 巻第 2 号、2007
* 8 高崎久生「中山間地域における水田放牧の取り組みと推進方向」『畜産コンサルタント』33 (6)、1997
* 9 吉田光宏「移動放牧へ―ノウハウ蓄積し機動性実現」『農林経済』2006.9
* 10 後藤貴文・衛藤哲次・塩塚雄二・林恵介・文田登美子「放牧を軸とした国内草資源フル活用による新たな肉牛飼養システムの提案」『日本草地学会誌』第 54 巻第 2 号、2008
* 11 中国四国農政局『耕作放棄地を活用した和牛放牧のすゝめ』㈳中央畜産、2005
* 12 山口県畜産試験場『山口型移動放牧マニュアル―放牧技術編』2004
* 13 牛舎内で牛の頚部を挟んで安定させる留め具のこと。移動式は放牧対象地で組み立てが自由にできるもの。そこで補助飼料を与えたりする。
* 14 兵庫県畜産技術連盟『平成 18 年度兵庫県畜産技術研究会』
* 15 漁業場を守るために漁業者が管理している森林のこと。
* 16 家畜共済や民間損保がある。放牧内での事故や脱柵などで牛や近隣施設、人に危害を与えてしまった場合の保険。
* 17 ㈳日本草地畜産種子協会『グラス&シード』第 16 号、2005
* 18 圃場を耕して生産すること。田んぼ(水稲・麦)、野菜・果樹生産のことで、畜産以外の生産をいう。
* 19 宮地広武・池田哲也・市戸万丈「豊かな国土生産力を次世代に〔6〕」『農業および園芸』第 83 巻第 3 号、2008
* 20 牛は草を舌で巻き付けて採食をするので、それを利用した草地管理。人によっては舌(下)草管理ともいう。
* 21 有田博之「ウシの放牧が持つ耕作放棄田の管理機能と土地利用」『農業土木学会論文集』235、pp.51-58、2005
* 22 上田孝道『和牛のノシバ放牧―在来草・牛力活用で日本的畜産』農山漁村文化協会、2000
* 23 環境省自然環境局『阿蘇草原再生』2005
* 24 千田雅之「放牧―粗放的管理―による中山間地域の農林地保全の可能性」『農業と経済』2003.9
* 25 糸長浩司 「エコミュージアム」『農村計画学会誌』14、pp. 71-72、1996
* 26 角野幸博・水野優子「エコミュージアムの日本的展開―北はりま田園空間博物館を事例に」『都市計画』231、pp. 17-20、2001
* 27 原未季・一ノ瀬友博「神奈川県横浜市及び鎌倉市において里山保全活動を行う市民団体の特徴と課題」『都市計画報告集』7、pp. 77-81、2009
* 28 矢口芳生「世界農政の展開とデカップリング」『日本型デカップリングの研究』(日本農業研究所編) pp. 40-62、農林統計協会、1999
* 29 森岡照明・叶内拓哉・川田隆・山形則男『図鑑日本のワシタカ類』文一総合出版、1995
* 30 武内和彦・一ノ瀬友博「成熟社会における国土計画の新しい理念」『緑地環境科学』

(井手久登編) pp. 94-102、朝倉書店、1997

* 31 Ichinose, T. 'Restoration and conservation of aquatic habitats in agricultural landscapes of Japan', Global Environmental Research 11, pp. 153-160, 2007
* 32 高橋佳孝「野草資源のバイオマス利用について」『草地生態』34、pp. 36-47、2004
* 33 有田博之「ウシの放牧がもつ耕作放棄田の管理機能と土地利用」『農業土木学会論文集』235、pp. 51-58、2005
* 34 高橋佳孝「放牧（40）和牛放牧繁殖のすすめ（38）」『養牛の友』362、pp. 74-77、2006
* 35 上田栄一「和牛放牧ゾーニングによる獣害回避対策と地域生活への影響」『第7回畜産工学シンポジウム資料・中山間地域における畜産の展望』日本畜産バイオテクノロジー研究会、2003
* 36 Naito, K.・Takahashi, Y. 'Biased distribution of autumn-flowering plants in a Zoysia japonica grassland in relation to patch structure', Grassland Science 46, pp. 10-14, 2000
* 37 林野庁『平成18年度版森林・林業白書』日本林業協会、2006
* 38 Millennium Ecosystem Assessment（横浜国立大学21世紀COE翻訳委員会責任翻訳）『生態系サービスと人類の将来―国連ミレニアムエコシステム評価』オーム社、2007
* 39 安藤貴「閉鎖後の保育」『造林学（三訂版）』pp. 137-157、朝倉書店、1999
* 40 恩田裕一「人工林荒廃とは何か」『人工林荒廃と水・土砂流出の実態』(恩田裕一編) pp. 1-7、岩波書店、2008
* 41 南光一樹「雨滴侵食のメカニズムと森林における雨滴侵食の実態」『人工林荒廃と水・土砂流出の実態』(恩田裕一編) pp. 125-134、岩波書店、2008
* 42 恩田裕一「雨滴衝撃と表面流の発生」『人工林荒廃と水・土砂流出の実態』(恩田裕一編) pp. 31-39、岩波書店、2008
* 43 三浦覚「表層土壌における雨滴侵食保護の視点からみた林床被覆の定義とこれに基づく林床被覆率の実態評価」『日本林学会誌』82、pp. 132-140、2000
* 44 平岡真合乃「人工林管理においてなぜ下層植生が必要か」『人工林荒廃と水・土砂流出の実態』(恩田裕一編) pp. 191-199、岩波書店、2008
* 45 藤森隆郎「間伐問題を考える―間伐はなぜ必要か」『森林科学』44、pp. 4-8、2005
* 46 野々田稔郎「森林政策の現状と森林管理」『人工林荒廃と水・土砂流出の実態』(恩田裕一編) pp. 170-183、岩波書店、2008
* 47 環境省WEB「IPCC第4次評価報告書統合報告書の政策決定者向け要約」http://www.env.go.jp/earth/ipcc/4th/syr_spm.pdf、2007
* 48 環境省『環境白書 循環型社会白書／生物多様性白書』pp. 2-4、2009
* 49 小林紀之「森林吸収量の取り扱いはどうなるのか」『温暖化と森林―地球益を守る―世界と地域の持続可能ビジョン』J-FIC、pp. 216-239、2008
* 50 環境省WEB「オフセット・クレジット（J-VER）制度活用事業者支援事業における支援対象事業者の決定（申請書作成支援・第1陣）について（お知らせ）」http://www.env.go.jp/press/press.php?serial=11462、2009
* 51 花澤裕二「森林関連で独自性を出すJ-VER―国内産のオフセット排出枠」『日経エコロジー』118号、pp. 106-108、2009

＊52 農林水産省生産局『野生鳥獣被害防止マニュアル―実践編』2007
＊53 農林水産省生産局『野生鳥獣被害防止マニュアル―捕獲編』2009
＊54 花井正光「近世史料にみる獣害とその対策―獣類との共存をめざす新たなるパラダイムへの観点」『動物と文明―講座：文明と環境 8』（河合雅雄・埴原和郎編）pp. 52-65、朝倉書店、1995
＊55 農林水産省『経営形態別経営統計〈個別経営〉平成 18 年』2008
＊56 田口洋美「列島開拓と狩猟の歩み」『東北学 Vol. 3 ―狩猟文化の系譜』（赤坂憲雄編）pp. 67-102、東北文化研究センター、2000
＊57 環境省『鳥獣関係統計』2005
＊58 羽山伸一『野生動物問題』地人書館、2001
＊59 三戸幸久「ニホンザルの分布変遷にみる日本人の動物観の変転―東北地方の場合を例に」『動物と文明―講座：文明と環境 8』（河合雅雄・埴原和郎編）pp. 89-105、朝倉書店、1995
＊60 Conover, M. R., 'Resolving human-wildlife conflicts ― the science of wildlife damage management', Lewis Publishers, 2002
＊61 梶光一「保護管理への提言」『エゾシカの保全と管理』（梶光一・宮木雅美・宇野裕之編著）pp. 209-218、北海道大学出版会、2007
＊62 出生中位・死亡中位。国立社会保障・人口問題研究所『日本の将来推計人口（平成 18 年 12 月推計）』厚生統計協会、2007
＊63 齋藤晋・林直樹「居住地再配置による道路維持管理コスト削減効果―京都府旧 M 町を事例として」『平成 20 年度農業農村工学会大会講演会講演要旨集』pp. 104-105、2008

7 章

＊1 Millennium Ecosystem Assessment（横浜国立大学 21 世紀 COE 翻訳委員会・監訳）『生態系サービスと人類の将来―国連ミレニアム エコシステム評価』オーム社、2007
＊2 ㈶ひょうご震災記念 21 世紀研究機構 「多自然居住地域における安全・安心の実現方策」報告書、2009
＊3 新谷融・黒木幹男編『流域学事典―人間による川と大地の変貌』p. 8、北海道大学出版会、2006
＊4 林直樹・前川英城「京都府北端部における集落の移転先」『2008 年度農村計画学会春季大会学術研究発表会要旨集』pp. 39-40、2008
＊5 斉藤昌宏「日本における木質家庭燃料と森林」『森林文化研究』第 6 巻第 1 号、pp. 71-83、1985
＊6 柏久『環境形成と農業―新しい農業政策の理念を求めて』昭和堂、2005
＊7 小田切徳美『農山村再生―「限界集落」問題を超えて』岩波書店、2009
＊8 稲垣文彦「サンタクルーズと荒谷―地域復興における足し算の支援と掛け算の支援」『復興デザイン研究』第 4 号、p. 7、2007

索 引

【英数】
GIS ·· 178
shifting cultivation ···························· 42
slash and burn agriculture··············· 42

【あ】
空き家 ··· 61
空き家バンク ···································· 62
跡地管理 ····························· 102, 117, 176
維持管理費 ·················· 55, 107, 115, 162
医師数 ··· 111
一次自然 ··· 141
医療 ······································· 110, 173
オフセット・クレジット制度 ········ 153

【か】
カーボン・オフセット ···················· 151
拡大造林 ·································· 37, 148
掛け算の支援 ································· 184
がけ地近接等危険住宅移転事業 ······· 119
仮設住宅 ··································· 24, 83
過疎集落 ········· 10, 15, 22, 45, 55, 60, 71, 78,
113, 114, 120, 129, 154, 181
過疎地域 ··· 145
過疎地域集落再編整備事業 ········ 90, 118
家庭菜園 ····················· 67, 86, 98, 107, 117
間伐 ······································ 14, 140, 148
管理の粗放化 ················ 82, 128, 134, 150
救急医療施設 ································· 110
強度間伐 ··· 150
京都議定書 ····································· 151
挙家離村 ··· 90
経営耕地面積 ···································· 32
限界集落 ································ 11, 31, 91
合意形成 ······················ 92, 119, 157, 177
公益的機能 ····································· 148
後期高齢者 ························· 21, 54, 115
公共サービス ····························· 17, 54

耕作放棄地 ························· 12, 129, 134, 146
洪水緩和 ··· 175
高度経済成長期 ··························· 90, 147
コーホート変化率法 ························· 72
コーホート要因法 ····························· 31
国土形成計画 ····························· 11, 71
国土保全 ································ 140, 171
国土利用再編 ··································· 78
個体数管理 ····································· 157
コミュニティ転居 ····················· 87, 104
コミュニティ入居 ····························· 85

【さ】
財政 ············· 16, 19, 53, 70, 74, 78, 94, 115,
125, 143, 157, 162, 168, 182
里地里山 ··· 47
産科 ································· 64, 109, 110
自然林 ··································· 82, 163
事務管理 ··· 129
斜面地農法 ······································· 37
獣害 ································· 13, 107, 134, 146, 154
集合住宅 ····························· 95, 107, 119
住民共同活動 ···························· 24, 108
集落移転 ················ 10, 80, 84, 89, 96, 104,
115, 155, 171, 176
集落再編成モデル事業 ······················ 90
集落サポーター ······························· 170
集落支援員制度 ······························· 172
集落診断士 ····································· 170
狩猟 ······································ 36, 157
小規模移動型放牧 ··························· 135
消極的な撤退 ··· 53, 60, 66, 78, 86, 141, 183
小児科 ································ 64, 109, 110
消滅危惧集落 ···································· 31
小流域 ··· 174
食料自給率 ···························· 139, 180
所得 ·· 72
所有権 ··· 128

人口減少時代 ……………54, 79, 155, 180
針広混交林 ………………82, 150, 182
人工林 ……13, 39, 49, 74, 82, 147, 163, 181
森林法 …………………………………132
水質 ……………………………………176
生活交通 ………………………15, 104
生態系サービス …………51, 148, 169, 180
生物多様性 ……………49, 140, 154, 168
世代間格差 ……………………………169
積極的な撤退 …78, 96, 104, 120, 128, 134,
　　　　　　　145, 150, 155, 161, 168, 173, 180
絶滅危惧種 …………………36, 47, 140
遷移 ………………………………46, 141
前期高齢者 ……………………………21
漸進的な移転 …………………………115

【た】
第三次全国総合開発計画 ……………91
足し算の支援 …………………………184
種火集落 …………………………120, 182
地縁 ………………23, 62, 74, 105, 116
地下水 …………………………………175
地球温暖化 ………………………41, 74, 151
地方小都市 …………81, 104, 109, 115, 133, 155
中山間地域 ………30, 83, 91, 135, 141, 183
中山間地域等直接支払制度 …………143
中小企業診断士 ………………………172
地理情報システム ……………………178
賃借権 …………………………………128
定住圏構想 ……………………………91
定年帰農 …………………………66, 79
冬期移住 ………………………………117
土砂流出 …………………………148, 176

【な】
二次医療圏 ……………………………113
二次草原 ………………………………47
二次的自然 ………45, 80, 120, 140, 141

二次林 ……………………………39, 47
二地域居住 ………………………71, 79
農業振興地域の整備に関する法律 ……130
農村移住 ……………………60, 66, 79
農地法 …………………………………130

【は】
廃屋 ………………………………11, 74
排出権取引 ……………………………151
ビオトープ水田 ………………………143
福祉施設 ……………………………85, 107
文化 ………………………………36, 120
防災集団移転促進事業 ………………119
放牧 ………………………47, 134, 146, 180
誇りの再建 ……………………………183
ボランティア ……………………13, 142

【ま】
むらおさめ ……………………………80

【や】
焼き畑 …………………………………36
遊休農地 ………………………………131
抑うつ …………………………………23, 87

【ら】
流域 ………………………78, 169, 174
利用権 …………………………………128
緑農住区開発関連土地基盤整備事業 …133
林床植生 ………………………………149
レンジャー ……………………………173

おわりに

　この本では「撤退の農村計画」と題して、過疎地域を起点とした人口減少時代の国土の戦略的再編の可能性について、様々な角度から論じてきた。最後に、この本の土台となった共同研究会と、その重要な特徴、そして「次の一歩」について述べておきたい。

　4年前の2006年5月に、私たちは、「撤退の農村計画」という名の共同研究会を立ち上げた。当時、過疎地域の対策として、人口増加を前提としたような「活性化」しか論じられない状況に疑問を呈する思いで始めた。なりゆきまかせの衰退である「消極的な撤退」と相対するかたちで「積極的な撤退」という概念を打ち出し、研究や討論を始めたが、「撤退」という過激な名前のためか風当たりも強かった。

　そのようななか、研究会のメンバーは過去の研究成果や事例の収集、現地踏査などを積極的に進めた。時に新聞や雑誌で紹介されたこともあった。それらが奏功してか、年を追うごとに、「積極的な撤退」への風当たりは弱くなったように思う。

　この共同研究会の重要な特徴はネット上の情報共有・討論の場である。「積極的な撤退」を実践にたえるものに仕上げるためには、研究者だけでなく、行政機関や民間企業の実務者、さらには実際に農村に暮らし農業に従事する人など、多様な視点が不可欠である。メンバーがどこにいても話し合いに参加できる場が必要である。そこでオープンソースのブログソフトウェアであるWordPressをベースに、「ネット上の情報共有・討論の場」を開発し、運用を続けてきた。この本の土台のひとつはこのシステムにあると、開発・運用担当でもある私は自負している。

　この本は「議論・研究の終点」ではなく「出発点」である。このままでは、実践にたえることはできない。私たちは読者のみなさまとともに、「次の一歩」を踏み出したいと考えている。いわば「開かれた本」でありたいと思う。共同研究会「撤退の農村計画」のウェブサイトにこの本についての意見交換の場を設置するので、ぜひ参加してほしい（ご入場の際は、この「あとがき」の最後

に記したパスワードが必要)。

　また、この本に関する討論のみにあきたらず、共同研究会に参加したいという方は、ウェブサイトのなかの「はじめての方へ」に、その手順が記してあるので、そちらを見てほしい。研究といっても、決して堅苦しいものではない。気楽な意見交換と考えてほしい。

　この本の出版にご尽力くださった学芸出版社の前田裕資氏と中木保代氏に心から御礼を申し上げる次第である。共同研究会のメンバーの方々にもこの場を借りて御礼申し上げたい。なかでも小田切徳美氏、須之部薫氏、竹井俊一氏、藤田薫二氏、前川恵美子氏、松田紗恵子氏、松田裕之氏、吉田桂子氏、若菜千穂氏、渡邉敬逸氏に感謝する。また、澤田雅浩氏にも感謝する。

　現在の社会は決して楽観できる状況とはいえないが、この本が国土の戦略的再編の礎となり、未来の日本国民の憂いができる限り少なくなることを、編者のひとりとして心から願ってやまない。

2010年7月吉日

齋藤　晋

共同研究会「撤退の農村計画」ウェブサイト URL
　　http://tettai.jp/
● 書籍に関する討論の場へのアクセスパスワード 「evac2006」
　　※サイトの仕様等は断りなく変更されることがあります。

【執筆者略歴】

● 編著者

林　直樹（はやし　なおき）
東京大学大学院農学生命科学研究科・特任助教、特定非営利活動法人国土利用再編研究所・理事長
1972年生まれ。京都大学大学院農学研究科博士後期課程修了。博士(農学)。総合地球環境学研究所・プロジェクト研究員、横浜国立大学大学院環境情報研究院・産学連携研究員などを経て、現在に至る。

齋藤　晋（さいとう　すすむ）
特定非営利活動法人国土利用再編研究所・副理事長、大谷大学真宗総合研究所・一般研究（柴田班）協同研究員
1973年生まれ。京都大学大学院農学研究科地域環境科学専攻博士後期課程単位取得退学。総合地球環境学研究所・研究推進支援員、㈶電力中央研究所社会経済研究所・協力研究員などを経て、現在に至る。

● 著者

永松　敦（ながまつ　あつし）
宮崎公立大学人文学部・教授
1958年生まれ。総合研究大学院大学文化科学研究科国際日本研究専攻博士後期課程修了。博士(学術)。椎葉民俗芸能博物館・副館長などを経て、現在に至る。

東　淳樹（あずま　あつき）
岩手大学農学部・講師
1968年生まれ。東京大学大学院農学生命科学研究科博士課程単位取得退学。博士(農学)。岩手大学農学部助手を経て、現在に至る。

西村　俊昭（にしむら　としあき）
株式会社農楽・代表取締役
1965年生まれ。愛媛大学農学部農業工学科卒業。内外エンジニアリング株式会社を経て、現在に至る。

山崎　亮（やまざき　りょう）
株式会社studio-L・代表取締役、東北芸術工科大学コミュニティデザイン学科・教授／学科長、京都造形芸術大学空間演出デザイン学科・教授／学科長
1973年生まれ。東京大学大学院工学研究科博士課程修了。博士(工学)。建築・ランドスケープ設計事務所を経て、現在に至る。

前川　英城（まえかわ　ひでき）
株式会社ウィルウェイ・職員
1973年生まれ。京都大学大学院農学研究科博士後期課程単位取得退学。大谷大学文学部・非常勤講師などを経て、現在に至る。

江原　朗（えはら　あきら）
広島国際大学医療経営学部・教授
1963年生まれ。北海道大学大学院医学研究科博士課程生理系専攻(生化学)修了。医学博士。王子総合病院小児科・医長、市立小樽病院小児科・医長、北海道大学大学院医学研究科・客員研究員（公衆衛生学）などを経て、現在に至る。

村上　徹也（むらかみ　てつや）
農林水産省農村振興局整備部設計課
1974年生まれ。京都大学農学部卒業。北海道開発局、女満別町(現大空町)役場、在タイ日本国大使館などを経て、現在に至る。

大西　郁（おおにし　かおる）
小泉製麻株式会社・職員
1976年生まれ。東京農業大学農学部卒業。兵庫県立淡路景観園芸学校景観園芸専門課程修了。

一ノ瀬　友博（いちのせ　ともひろ）
慶應義塾大学環境情報学部・教授
1968年生まれ。東京大学大学院農学生命科学研究科博士課程修了。博士(農学)。兵庫県立大学自然・環境科学研究所・准教授、マンチェスター大学・客員研究員などを経て、現在に至る。

福澤　加里部（ふくざわ　かりぶ）
北海道大学北方生物圏フィールド科学センター・助教
1977年生まれ。北海道大学大学院農学研究科博士課程修了。博士（農学）。京都大学フィールド科学教育研究センター・教務補佐員、北海道大学北方生物圏フィールド科学センター・GCOE特任助教を経て、現在に至る。

大平　裕（おおひら　ゆたか）
㈶九州環境管理協会・課長
1960年生まれ。九州大学大学院生物資源環境科学府博士課程修了。博士（農学）。鹿児島県庁・技術主査を経て、現在に至る。

江成　広斗（えなり　ひろと）
山形大学農学部・准教授
1980年生まれ。東京農工大学大学院連合農学研究科博士後期課程修了。博士（農学）。京都大学霊長類研究所・特別研究員、宇都宮大学農学部・特任助教を経て、現在に至る。

前田　滋哉（まえだ　しげや）
茨城大学農学部・准教授
1975年生まれ。京都大学大学院農学研究科博士後期課程修了。博士（農学）。京都大学大学院農学研究科・助手、同講師を経て、現在に至る。

撤退の農村計画
過疎地域からはじまる戦略的再編

2010年8月30日　第1版第1刷発行
2014年6月20日　第1版第5刷発行

編著者………林　直樹・齋藤　晋
発行者………京極迪宏
発行所………株式会社 学芸出版社
　　　　　　京都市下京区木津屋橋通西洞院東入
　　　　　　電話 075-343-0811　〒600-8216
　　　　　　http://www.gakugei-pub.jp/
　　　　　　Email　info@gakugei-pub.jp
装　丁………㈱コシダアート／上原　聡・正木秀樹
印　刷………イチダ写真製版
製　本………山崎紙工

Ⓒ Naoki Hayashi, Susumu Saito, 2010
ISBN 978-4-7615-2489-0　　　　　　Printed in Japan

JCOPY　〈㈳出版者著作権管理機構委託出版物〉
本書の無断複写（電子化を含む）は著作権法上での例外を除き禁じられています。複写される場合は、そのつど事前に、㈳出版者著作権管理機構（電話 03-3513-6969、FAX 03-3513-6979、e-mail:info@jcopy.or.jp）の許諾を得てください。
また本書を代行業者等の第三者に依頼してスキャンやデジタル化することは、たとえ個人や家庭内での利用でも著作権法違反です。

好評既刊書

過疎地域の戦略
新たな地域社会づくりの仕組みと技術

谷本圭志・細井由彦編
A5判・216頁・定価 本体2300円＋税

鳥取大学と自治体による実践的連携から生まれた本書は、地域の現状と将来を診断し、社会実験も踏まえて社会運営の仕組みを提案し、その仕組みを支える技術も一冊に取りまとめている。福祉、交通、経済、防災、観光、保健など分野にとらわれない総合的なアプローチが特徴。自治体職員やNPOなど地域の運営に携わる人々に役立つ一冊。

創造農村
過疎をクリエイティブに生きる戦略

佐々木雅幸・川井田祥子・萩原雅也編著
A5判・272頁・定価 本体3000円＋税

その土地の自然と人間の持つ創造性によって、新たな文化、産業や雇用を生み出そうとする「創造農村」の動きが、日本各地へ広がろうとしている。本書では、アートや食文化による地域再生、オルタナティブツーリズムによる都市農村交流など、各地の自立した試みを紹介するとともに、条件不利地域に秘められた可能性をひらく。

広域計画と地域の持続可能性

大西　隆編著
A5・256頁・定価 2940円（本体 2800円）

地域主権が具体化し基礎自治体を中心とした自治が進むと、国や府県の関与が減る分、環境や農地の保全、産業振興など、広域で取り組むべき問題をどうするかが、重要になる。多数の自治体や民間・市民など多元的な主体を結び、活動を生み出すための指針として広域計画が是非必要だ。内外の事例から立案手法まで幅広く紹介する。

建築・まちづくりの情報発信
ホームページもご覧ください

✉ WEB GAKUGEI
www.gakugei-pub.jp/

学芸出版社
Gakugei Shuppansha

📖 図書目録　📖 セミナー情報　📖 著者インタビュー　📖 電子書籍
📖 おすすめの１冊　📖 メルマガ申込（新刊＆イベント案内）
📖 Twitter　📖 編集者ブログ　📖 連載記事など